SHUANGJIDAO SHENGZHANG
WUSUN JIANCE

双季稻
生长无损监测

李艳大 等 著

中国农业出版社
北 京

图书在版编目（CIP）数据

双季稻生长无损监测 / 李艳大等著．—北京：中国农业出版社，2021.10
ISBN 978-7-109-28877-5

Ⅰ.①双… Ⅱ.①李… Ⅲ.①双季稻—作物监测 Ⅳ.①S511

中国版本图书馆 CIP 数据核字（2021）第 214762 号

中国农业出版社出版
地址：北京市朝阳区麦子店街 18 号楼
邮编：100125
责任编辑：郭银巧　　文字编辑：石红良　李　莉
版式设计：王　晨　　责任校对：吴丽婷
印刷：中农印务有限公司
版次：2021 年 10 月第 1 版
印次：2021 年 10 月北京第 1 次印刷
发行：新华书店北京发行所
开本：880mm×1230mm　1/32
印张：5.5
字数：200 千字
定价：25.80 元

著 者 名 单

李艳大　孙滨峰　曹中盛

叶　春　舒时富

前言
FOREWORD

水稻是中国种植面积最大的粮食作物之一。南方双季稻种植面积约占全国水稻种植面积的49%，发展双季稻生产对于保障国家粮食安全与社会稳定具有极其重要的战略作用。肥水药等资源投入量直接影响双季稻长势好坏、产量高低和品质优劣，其过量投入易造成生产成本上升、环境污染和土地可持续生产能力下降。要达到双季稻生产肥水药的精确投入，首先要对双季稻的长势及营养状况进行快速无损监测。现代双季稻生产正朝着精准生产、高效管理、智能决策和定量实施的方向发展，而遥感、物联网、人工智能等信息技术的蓬勃兴起必将成为双季稻生长无损监测及智慧管理的有效手段，有助于提高双季稻生产管理效能、优化肥水药利用和产量品质提升。

智慧农业已成为现代农业发展的高级形式和社会关注热点。双季稻生长无损监测技术作为智慧农业和现代双季稻生产的关键技术之一，推动了双季稻生产管理的精确化、高效化和智慧化。双季稻生长无损监测，即综合利用不同监测平台和传感设备，对双季稻长势指标与生理参数进行实时、无损、定量监测，为双季稻生长的实时诊断和智慧管理提供基础农情信息。基于光谱和数字图像的双季稻生长无损监测技术具有实时、无损、信息量大、成本低和使用便捷等特点，得到了栽培学家的普遍关注，广泛应用于双季稻生产管理的全过程。

双季稻生长无损监测技术的研究与应用使得双季稻生产管理由传统的模式化和规范化，向着定量化和智慧化方向转变，实现田块、园区和区域等多尺度双季稻长势指标与生理参数的快速无损获取和精确诊断调控。双季稻生长无损监测的范围主要包括双季稻长势与营养监测、病虫害监测、种植面积估测、双季稻识别与产量预测等，其研究成果可为双季稻生产的精确管理、防灾减灾提供支撑，为农业管理部门宏观决策提供参考。

本书作者团队近10年来，以双季稻为研究对象，重点围绕基于光谱和数字图像的双季稻生长无损监测的关键技术创新和软件产品开发，获得了较为丰硕的技术成果，取得了显著的社会、经济和生态效益。编著本书的主要目的是重点介绍作者团队在该领域的工作积累与学术成果。本书的学术思想是将遥感技术和数字图像技术应用于双季稻生产全过程，基于冠层光谱图像特性，进行长势监测、营养诊断、种植面积估测与产量预测等，助力提升双季稻生产管理的智慧化水平、肥水药利用效率和综合效益。

本书共9章。第1章双季稻生长无损监测概述，介绍了双季稻生长无损监测的内涵与特点、技术手段和应用领域；第2章双季稻光谱图像与生长指标的获取，介绍了双季稻光谱图像的获取原理、获取方法、获取规范及生长指标的获取方法；第3章双季稻生长指标与光谱图像参数的变化特征，介绍了不同生育期和施氮水平下的双季稻植株形态、叶面积指数、叶干重、分蘖数、叶片氮含量、叶片氮积累量等生长指标及光谱植被指数、颜色参数的变化特征；第 4 章基于光谱的双季稻生长监测，介绍了利用光谱技术建立与检验双季稻叶面积指数、叶干重和分蘖数定量监测模型；第 5 章基于无人机遥感的双季稻生长监测，介绍了基于无人机数码影像的双季稻叶面积指数监测、生物量、氮素营养监测及产量预测；第 6 章基于光谱图像的双季稻氮素营养监测，介绍了利用光谱图像技术建立与检验双季稻叶片氮含量、叶片氮积累量和植株氮积累量定量监测模型；第 7 章基于实时监测的双季稻氮素诊断，介绍了养分平衡法、叶面积指数法和氮营养指数法 3 种双季稻氮素诊断模型的算法及诊断模型的应用效果；第 8 章基于卫星遥感的双季稻生长监测，介绍了遥感影像来源与信息提取、双季稻识别与种植面积估测和双季稻产量预测；第 9 章双季稻生长无损监测应用系统的设计与实现，介绍了双季稻生长无损监测系统的设计、开发、实现和典型实例。李艳大负责组织并参与第 1、2、3、4、6、7 章的撰写，孙滨峰参与第 5、8、9 章的撰写，曹中盛参与第 3、4、5 章的撰写，叶春参与第 3、5、6、7 章的撰写，舒时富参与第 1、2、5 章撰写；最后由李艳大对全书进行了统稿。

本书内容丰富、层次分明、理论联系实际、叙述深入浅出、图文并茂、通俗易懂，可作为从事作物栽培、农业信息及智慧农业研究与应用的教学、科研和管理人员及相关学科研究生的科技参考书。本书涉及的内容主要为作者团队承担的公益性行业（农业）科研专项课题、国家自然科学基金项目、国家重点研发计划子课题和其他省级重点项目取得的部分研究成果及过去近10年来的工作积累和学术思考。这期间，作者指导的多位硕士研究生直接参与了部分研究工作，他们所完成的学位论文为本书提供了良好的基础素材。涉及基本理论与方法及重要进展的部分内容，作者还参考了国内外许多学者的相关文献资料。在本书的准备和写作过程中，江西省农业科学院农业工程研究所的科技人员给予了大力支持和帮助，在读研究生也参与了文档整理等工作。在此，一并表示衷心的感谢。

双季稻生长无损监测是作物栽培与农业信息、遥感等多学科交叉的新兴研究领域，特别是随着现代信息技术的蓬勃兴起与快速发展，其理论和技术尚待进一步充实和完善。鉴于作者知识水平有限，书中内容和观点难免存在不足和缺陷，恳请广大读者提出宝贵意见和建议，并给予指正。

李艳大

2021年7月27日

目　录

CONTENTS

第1章　双季稻生长无损监测概述

水稻是中国最重要和广泛种植的粮食作物之一，其中长江流域的双季稻生产对保障国家粮食安全与社会稳定具有重要作用（邹应斌，2011）。目前，我国人口总数达14.1亿，人口数量持续增长。同时，随着我国耕地面积和农村劳动力的不断减少及干旱、洪涝等灾害天气的频繁发生，导致我国粮食安全生产面临着巨大挑战。为此，发展双季稻生产保证稻米总量平衡显得尤其重要。丰产、提质和增效是目前双季稻生产的重要目标，对双季稻生长状况进行实时无损监测是实现这一目标的关键。传统的双季稻生长指标（生物量、叶面积指数、叶片氮含量、氮积累量、产量等）信息获取，需要破坏性取样、费时耗工、分析测试成本高难以实时应用，易导致肥药过量施用、经济效益低、面源污染重等一系列问题。近年来，具有实时、无损、准确、高效、信息量大的近地面低空（手持式传感设备、无人机）和卫星遥感技术发展迅速，光谱影像分辨率快速提升，已广泛应用于双季稻等大田作物长势及生理参数指标的定量监测。

随着遥感、数字图像、物联网、地理信息系统等现代高新技术的快速发展，许多国家将其广泛应用于农业生产管理中，大力推进了数字农业和智慧农业的发展。如欧盟利用卫星遥感技术对作物种植面积等进行监测，为农业管理部门开展农业补贴工作提供了准确数据。中国、美国等利用遥感、地理信息系统等技术开展了不同区域的作物长势与病虫害监测、种植面积估测、产量品质预测等，显著提高了农业生产经营管理的信息化水平和综合效益。因此，加快无损监测技术在作物生产上的应用已成为许多国家的共识，受到广大农学家的普遍关注。许多学者重点围绕作物长势与病虫害监测、营养诊断、种植面积估测、产量与品质预测等方面开展了大量研究，大幅提升了作物生产管理效能、资源利用效率和综合应用效益，推进了作物生产管理的智慧化和精确化（曹卫星等，2020）。本章主要论述双季稻生长无损监测的内涵与特点、技术手段和应用领域。

1.1 双季稻生长无损监测的内涵与特点

双季稻生长无损监测涉及作物栽培、遥感、数字图像等学科，是一个多学科交叉融合的新兴领域。其主要内容包括基本原理、手段方法、关键技术和应用系统等方面。

1.1.1 双季稻生长无损监测的内涵

双季稻生长指标是表征双季稻生长状况、群体质量和形态生理特征的农学参数。双季稻生长无损监测是通过不直接接触双季稻植株，利用光谱图像传感器（多光谱仪、高光谱仪、数码相机等）获取不同尺度（田块、园区、区域等）的双季稻生长状况（长势、氮素营养、面积与产量等）的光谱图像数据，进一步深入分析和处理光谱图像信息，构建双季稻生长指标无损监测模型与精确管理技术，并以双季稻生长监测诊断与管理调控软硬件产品为载体，以栽培管理处方为技术形式，开展大面积示范应用。从而使得双季稻生产管理由传统的模式化和规范化，向着定量化和智慧化方向转变，实现田块、园区和区域等多尺度双季稻生长指标信息的高效监测与科学诊断，生长指标与生理参数的快速无损获取和精确诊断调控，为双季稻生产的智慧管理和农业管理部门宏观决策提供信息参考与技术支撑。

1.1.2　双季稻生长无损监测的特点

双季稻生长无损监测是多学科交叉融合的新兴应用领域，具有实时、无损、定量、多尺度和多功能的特点，具体如下：

实时：通过实时获取双季稻冠层的光谱图像信息，利用构建的生长指标监测模型，实时估算得到双季稻生长指标信息，进而可及时推荐生成水肥调控管理处方，克服了传统化学分析测试费时耗工难以实时应用的不足。

无损：一般不直接接触双季稻植株，不需要破坏性采样，主要通过利用不同传感器获取双季稻的光谱图像数据，解译出双季稻的长势信息。

定量：通过获取大量的光谱图像数据，构建双季稻生长指标与光谱图像参数之间的定量关系模型，从而准确计算出双季稻的生长指标，并通过诊断调控模型计算出监测田块追氮量及推荐生成监测区域氮肥精确管理处方图。

多尺度：利用不同的监测平台，采集不同空间尺度的双季稻生长数据，从而实现从个体到群体、从田块到园区等多尺度的快速监测。

多功能：可估测双季稻种植面积、预测产量等信息，为农业管理部门制定发展规划、惠农政策等提供参考依据；双季稻叶片氮含量与氮积累量监测可为双季稻氮肥精确管理提供科学依据。

1.2　双季稻生长无损监测的技术手段

双季稻生长无损监测的技术手段，根据是否具有图像可分为成像监测和非成像监测；根据监测平台不同可分为手持便携式、无人机载式和星载式监测；根据建模方法不同可分为统计回归法、机器学习法、辐射传输模型反演法及遥感与模型耦合同化法等。

1.2.1 非成像监测与成像监测

1. 非成像监测

光谱监测技术是双季稻无损监测中应用广泛、成本低、操作简便、准确实用的非成像监测技术，受到许多学者的普遍关注和认可。光谱监测的技术流程一般为：采用多光谱或高光谱监测仪采集双季稻叶片或冠层的反射光谱数据，筛选提取双季稻生长指标（生物量、叶面积指数、叶片氮含量和氮积累量等）的敏感光谱波段，计算基于敏感光谱波段的光谱指数（植被指数、红边参数、小波系数等），采用统计回归、机器学习等数据处理方法构建双季稻生长指标监测模型，基于构建的监测模型无损估算生长指标信息，以监测双季稻生长状况及指导双季稻生产管理。许多学者利用光谱监测技术对水稻长势、养分丰缺等生长指标无损监测开展了大量研究工作，取得了可喜的研究进展（李艳大等，2021，2020a，2020b；Zheng et al.，2016；Tian et al.，2014）。

除光谱监测技术外，叶绿素荧光、激光雷达等非成像监测技术在作物生长无损监测方面也有广泛应用。叶绿素荧光技术具有反应灵敏、早期表征水稻生理状况等优点，成为早期监测诊断水稻光合生产、逆境胁迫、病虫危害状况等的有效技术手段（周丽娜等，2017）。激光雷达技术具有全天候、三维点云数据易获取等优点，成为快速准确监测水稻生物量、株高、分蘖数等冠层结构指标的有效技术手段（张鹏鹏，2020；王红丽，2017）。

2. 成像监测

目前常用的成像监测设备主要有普通数码相机、多光谱相机和高光谱相机。普通数码相机具有操作简便、成本低等优点，被广泛应用于水稻叶面积指数（Li et al.，2019）、氮素营养（叶春等，2020）等生长指标的无损监测。但普通数码相机波段少（只有红、绿、蓝 3 个可见光波段）、获取信息量不足，限制了其应用的范围。为拓展普通数码相机的应用范围，有学者将其红或蓝通道升级改进为近红外通道，从而可采集到近红外影像数据（Hunt et al.，2010）。近年来，随着材料科学和光学传感器技术的迅速发展，多光谱相机和高光谱相机的生产成本、操作使用、分辨率和稳定性等都得到了极大的改善，可以同时采集到作物的光谱和图像信息，具有“谱图合一”的优势，且光谱分辨率达纳米量级，被广泛应用于长势监测、逆境胁迫监测、病虫害监测和产量预测等领域（陶惠林，2020；Zheng et al.，2019；Zhou et al.，2017），进而可以快速准确地估测生长指标信息、预测病虫害和产量，提高精确管理信息化和智慧化水平。

1.2.2　多平台监测

目前常用的无损监测平台主要有手持便携式、无人机载式和星载式等监测平台。手持便携式光谱仪具有操作简便、成本低、监测精度较高等优点，是获取田块尺度信息的有效技术手段。常用的手持便携式光谱仪有荷兰生产的 RapidSCAN CS - 45 光谱仪及美国生产的 GreenSeeker、CropScan 系列、ASD FieldSpec Pro FR 系列光谱仪等。国内许多科研机构研发了性价比更高的手持便携式光谱仪，如中国农业大学研发的 4 波段作物光谱测量仪（张猛等，2016）、南京农业大学研发的便携式作物生长监测诊断仪（Crop growth monitoring and diagnosis apparatus，

CGMD)（倪军等，2013）、北京农业信息技术研究中心研发的作物 NDVI（Normalized difference vegetation index）测量仪（杨钧森等，2019）等，均具有较高的监测精度和良好的应用价值。国内外许多学者利用手持便携式光谱仪开展了作物叶面积指数、叶绿素、叶干重及氮素营养无损监测（Haboudane et al.，2004；Saberioon et al.，2014；He et al.，2020；李艳大等，2021，2020a，2020b；曹中盛等，2020），取得了良好的研究进展。但手持便携式光谱仪信息获取效率较低，难以适用于园区或区域尺度的大范围监测。

随着无人机和小型传感器技术的迅速发展及在农业领域的广泛应用，基于无人机遥感的作物生长无损监测受到国内外广大学者的普遍关注，已成为智慧农业研究的热点和有效技术手段。无人机遥感可以获取实时高分辨率光谱影像数据，可克服有人航空遥感对长航时、危险环境等的限制，又弥补卫星因天气和时间无法获取感兴趣区域遥感信息的空缺，提供多角度、高分辨率光谱影像，还能避免手持便携式光谱仪工作范围小、视野窄、信息获取效率低等不足。国内外许多学者建立了基于无人机遥感的作物叶片氮含量、氮积累量、叶面积指数等生长指标定量监测模型（秦占飞等，2016；Senthilnath et al.，2016；田明璐等，2016），进而高效、准确地获取田块或园区尺度的作物生长指标信息。

大范围区域尺度的作物生长无损监测，需要通过卫星遥感平台搭载不同传感器来实现，为作物长势监测提供更高时间、空间和光谱分辨率的信息。近年来，全球许多国家先后发射了各类民用卫星平台和传感器，如美国国家海洋和大气管理局（National Oceanic and Atmospheric Administration，NOAA）的甚高分辨率扫描辐射计（Advanced very high resolution radiometer，AVHRR）、美国陆地卫星（Landsat）的陆地成像仪（Operational land imager，OLI）、法国空间研究中心的SPOT卫星上的高分辨率可见光扫描仪（High resolution visible imagine system，HRV）、美国国家航空航天局的地球观测1号（EO-1）卫星上的Hyperion超光谱成像系统等，表现为从光学资源卫星为主向高光谱、高时空分辨率卫星转变。我国亦成功发射搭载多种传感器的高分系列卫星（高分1号GF-1、高分2号GF-2、高分3号GF-3等），为大面积区域尺度的作物生长无损监测提供更高时间、空间和光谱分辨率的信息。卫星遥感以其快速、简便、宏观、无损等优点，广泛应用于作物识别与种植面积估测（王利民等，2017、2018；Xu et al.，2018）、氮素营养监测（Huang et al.，2017）和产量预测（王莺等，2019）等研究领域。

一般单一监测平台获取的遥感数据具有一定的局限性，难以同时兼顾光谱分辨率、时间分辨率及空间分辨率等。为克服单一监测平台遥感数据的不足，提高作物生长无损监测的准确性，需要获取多监测平台的遥感数据，对多源遥感数据进行综合分析处理与应用。如将无人机可见光影像与多光谱影像融合分析，能够显著提高水稻倒伏的监测精度（Tian et al.，2021）；将无人机数字图像与高光谱数据融合分析，能够快速、准确地对小麦全蚀病等级进行分类（乔红波等，2015）；显著提高水稻倒伏的监测精度（Tian et al.，2021）；通过对春大麦光谱、热红外、株高等多源信息的融合分析，能够显著提高干旱胁迫下的春大麦产量的估测精度（Rischbeck et al.，2016）。此外，当用遥感数据难以解决问题时，可将遥感数据与非遥感数据进行融合分析。如将遥感数据与作物模型参数进行耦合同化分析，能够显著提高作物生长监测和作物模型的准确性、机理性及实用性（邢会敏等，2017；陈艳玲等，2018）。

1.2.3　多路径建模监测

常用的生长指标监测建模法主要有统计回归法、机器学习法、辐射传输模型反演法及遥感与模型耦合同化法等。统计回归法具有模型参数少、简单实用等优点，在生长指标监测模型的构建时应用最多。通常以敏感光谱波段反射率或用其构建的光谱指数为自变量、生长指标为因变量，利用统计回归分析软件对光谱指数与生长指标之间的关系进行拟合分析，建立相关性最佳的方程。模型检验通常采用相关系数、均方根误差和相对均方根误差等参数来评价模型的预测精度（李艳大等，2020a、2020b）。统计回归法构建的监测模型计算简便，但模型的普适性不强，当生态区域和栽培管理措施等变化时，需要进行本地化建模和检验完善，以提高监测模型的预测精度和可靠性。机器学习法通过大量数据自主学习提取多元特征构建多参数模型，具有学习能力强，能够充分利用大量数据中的内在信息，特别是在构建生长指标与光谱指数之间的非线性模型时（吴芳等，2019），通过机器学习法可显著提高模型的精度和稳定性，但建模过程缺乏内在的解释性。辐射传输模型反演法通过叶片或冠层反射率计算作物生长指标信息，具有较强的机理性和解释性，但模型参数多、计算繁琐，使用者需要掌握一定的辐射传输模型背景知识，在生产实际应用中具有一定的局限性。遥感与模型耦合同化法可综合利用遥感与作物模型的宏观性、实时性、机理性和普适性等优点，但使用者需要掌握一定的作物模型背景知识。上述方法各有优缺点，在作物生长无损监测研究与应用中，可根据使用者的专业背景、监测设备、研究对象及应用需要等因素而定（曹卫星等，2020）。

1.3　双季稻生长无损监测技术的应用

许多学者围绕双季稻生长无损监测技术开展了大量的研究工作，形成了许多实用的关键技术和软硬件产品，可为双季稻生产的精确管理、防灾减灾提供支撑，为农业管理部门宏观决策提供参考。

1.3.1　双季稻长势与营养监测

双季稻长势与营养状况的快速无损监测是双季稻生产中精确水肥管理的前提和关键。许多学者围绕双季稻生长指标（生物量、分蘖数、叶绿素含量、叶面积指数、氮含量、氮积累量等）及氮素营养状况快速无损监测开展了大量研究，明确了不同生长指标与光谱指数的动态变化规律，构建了不同生长指标光谱监测模型（徐新刚等，2011；Liu et al.，2016；李艳大等，2021，2020a，2020b；曹中盛等，2020）及氮素诊断调控技术（覃夏等，2011；邵华等，2015；He et al.，2017；李艳大等，2020c，2019a），研发了软硬件监测产品（Ni et al.，2018；林维潘等，2020），达到了实用化水平，在双季稻生产中具有推广应用价值。随着卫星、无人机、高光谱成像仪、激光雷达等监测平台和传感器技术的迅速发展，为快速准确获取双季稻长势、水分、病虫害、逆境胁迫诊断等信息提供了新的技术手段，进一步融合多路径建模方法对获取的多源信息进行深入分析处理，可准确反演双季稻生育期、长势生理、产量品质等指标，构建星机地立体化监测技术与应用系统，为实现双季稻栽培管理的高效化、精准化、信息化及智能化提供支撑（何勇等，2015；Zheng et al.，2018）。

1.3.2 双季稻面积与产量预测

双季稻种植面积和产量的稳定对保障国家粮食安全和社会稳定具有重要作用，提高双季稻种植面积监测和产量预测的准确性是制定实施惠农补贴、种植结构优化调整及稻谷储运销售等政策的重要依据。传统的作物面积监测与产量预测方法主要采用人工实地调查，效率低、成本高、工作量大，适用于小面积作业，难以满足大面积快速估产的需求。随着遥感技术的快速发展及其在农业领域的应用，使其成为农作物种植面积监测与产量预测的有效手段。作物遥感估产是在采集分析作物不同生育期不同光谱特征的基础上，通过卫星传感器记录地表信息，辨别作物类型，监测作物长势，提取作物种植面积，研究作物图谱与产量构成因子之间的相关性，构建估产模型，在作物收获前预测作物的产量。遥感估产具有快速、宏观、经济和客观等优点，从单一信息源发展到多源信息融合估产；从田块小面积估产发展到区域大面积估产；从以遥感植被指数为基础的简单统计回归模型发展到以遥感与作物生长模型耦合同化算法为基础的区域生长模拟遥感模型来估产，在机理性、普适性和应用性等方面都取得了长足的发展和进步（徐新刚等，2008；Wang et al.，2014a；王利民等，2019）。但遥感与作物生长模型二者之间的耦合指标与途径、同化算法等还需进一步深入研究，这也是今后作物生产力预测研究的重点。

1.3.3 双季稻病虫害监测

病虫害是双季稻生产过程中影响产量与品质的重要生物灾害。传统的双季稻病虫害监测方法主要依靠人工实地统计调查，费时耗工、成本高，不能大面积、快速获取病虫害发生状况与空间分布信息，难以满足病虫害的大面积无损监测与防控需求。随着遥感技术的迅速发展，利用遥感手段对病虫害进行“非接触式”的监测逐渐被应用于双季稻生产过程中。作物病虫害遥感监测的原理是采用遥感技术对受害植株生长指标进行反演，判断其与正常植株的差异。利用遥感技术能够对作物病虫害的发生范围、发生类别和受害程度进行有效识别（Mahlein et al.，2013）。近年来，随着卫星光谱、时间和空间分辨率的不断提升，人们对病虫害遥感监测机理的认识更加深入全面，构建了“卫星—无人机—地面”立体化多平台病虫害监测平台及预测系统，为病虫害的有效防治和管理提供了技术支撑（黄文江等，2019）。

第 2 章　双季稻光谱图像与生长指标的获取

光谱图像技术具有实时、快速、无损、信息量大等优点，已被广泛应用于作物识别、长势与病虫害监测、营养诊断、产量品质预测等方面。光谱图像信息可以表征双季稻的株型结构、长势状况和生理参数信息，这是利用光谱图像开展双季稻生长无损监测的理论依据。双季稻光谱图像的获取需按照一定的操作规范，以减少采集数据的误差和满足不同用户的实际应用需要。双季稻光谱图像数据的获取主要包括单叶光谱图像和冠层光谱图像获取，单叶光谱图像可在室内离体与室外原位采集，冠层光谱图像可以通过手持便携式传感设备、无人机等不同平台采集。本章主要介绍双季稻光谱图像的获取原理、获取方法、获取规范及生长指标的获取方法，为双季稻生长指标的实时无损监测诊断提供支撑。

2.1　双季稻光谱图像获取原理

2.1.1　光谱获取原理

入射光照射到双季稻叶片或冠层表面时，会产生反射、透射和吸收三种过程。双季稻光谱获取是通过光谱传感器采集不同波段光谱的反射、透射和吸收的电磁辐射占入射辐射的比例量化的过程。

1. 光谱反射原理

作物具有反射、吸收、发射电磁波的能力和特征，这种特征是由作物自身的电子、原子、分子的运动状态决定的。不同作物、器官和组织，因其电子、原子、分子的运动状态不同，进而表现出不同的反射、吸收和发射电磁波的特征，且这种特征在不同波长处表现出不同变化特征（Jacquemoud and Ustin，2009）。因此，基于这些特征，可以采用专用的传感器对目标对象进行快速无损监测。其中，反射特征在双季稻生长无损监测中应用最多。

2. 叶片入射光组成

入射光照射到叶片表面，电磁波穿透叶片时，会与叶片细胞发生相互作用，进而产生反射光、吸收光和透射光。反射光即是利用传感器采集到的反射光谱，吸收光被叶片色素与其他生化组分吸收进行光合作用与化学反应，透射光是除去叶片反射和吸收的那部分入射光。

3. 叶片光谱特征及其影响因素

在可见光至短波红外全波段（400～2 500 nm）范围内，作物叶片反射光谱存在明显的反射、吸收特征（图 2-1）。其中，可见光波段（400～760 nm）是作物叶片的强吸收波段，叶片反射率直接受到叶绿素和类胡萝卜素等色素含量的显著影响，表现为低反射，产生明显的两个吸收谷（450 nm 和 680 nm）和一个反射峰（550 nm）；近红外波段（760～1 350 nm）反射率特性主要与叶片内部结构相关，表现为低吸收，产生一个明显的高反射平台区；短波红外波段（1 350～2 500 nm）反射率特性主要与叶片内部水分含量相关，表现为低透射，产生明显的两个吸收谷（1 450 nm 和 1 950 nm）和两个反射峰（1 650 nm 和 2 230 nm）。此外，在叶绿素吸收谷和近红外高反射平台区之间有一个反射率数值骤然上升的“突变”区间，即“红边”（680～760 nm）波段。它是作物的敏感光谱波段，可以表征作物的生长状况，对噪声不敏感。前人研究表明，可以通过“红边”位置准确的估算作物叶片的叶绿素含量（Li et al.，2018)。

一般情况下，健康作物光谱曲线的“峰-谷”形态变化和所处位置大致相似。但是，受不同的作物品种、生育期和栽培管理措施等因素的影响，会改变叶片与电磁波的相互作用，进而使得叶片在整个或者局部光谱波段范围内的光谱特性发生改变。基于存在的这种差异，可以对作物生育进程中所处的长势状况进行精确监测。例如，在不同施氮水平下，会引起作物叶片光谱反射率的变化，具体表现为，可见光波段的光谱反射率随施氮水平的增加而降低，近红外波段的光谱反射率随施氮水平的增加而增大（图 2-1)。因而可通过光谱反射率的变化特征表征作物氮素营养丰缺状况，进而为准确生成精确栽培处方提供支撑。

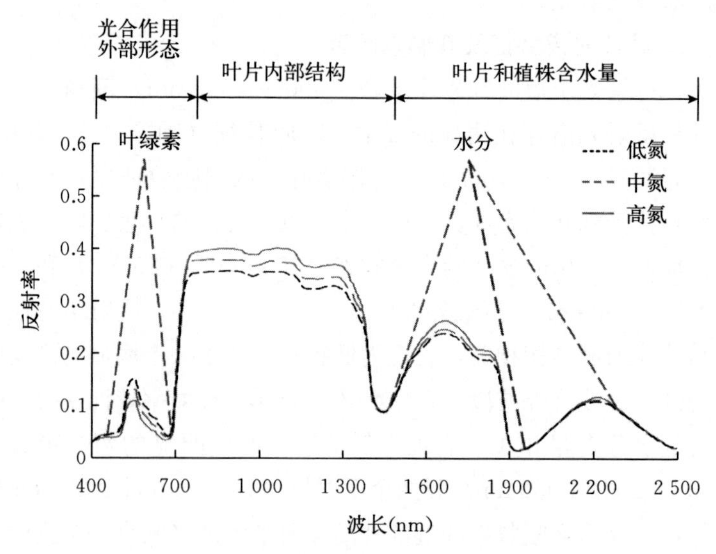

图 2-1　作物叶片反射光谱曲线

4. 冠层光谱特征及其影响因素

双季稻冠层是由很多离散的单个叶片组成的一个整体，随生育进程的推进，叶片的面积、角度、分布、覆盖度等都在不断发生变化。因此，冠层光谱特性与单叶光谱特性之间存在较大的差异。在可见光至短波红外波段范围内，影响单叶光谱特征的色素含量、叶片内部结构和水分含量等因素同样会对冠层光谱产生一定的影响。赵英时（2003）研究表明，影响冠层光谱特性的因素主要为冠层叶片（叶面积指数、光照叶和阴影叶等）、冠层结构（株型、叶倾角分布、叶方位角分布和冠层覆盖度等）、太阳辐射及土壤背景等。例如，在不同叶面积指数下，会引起作物冠层光谱反射率的变化，具体表现为，可见光波段的冠层光谱反射率随叶面积指数的增大而降低，近红外波段的冠层光谱反射率随叶面积指数的增大而增大（图 2 - 2）。

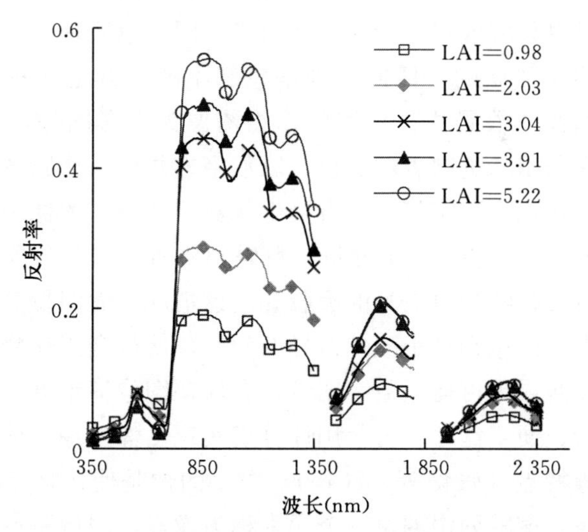

图 2 - 2　不同叶面积指数（LAI）下双季稻冠层反射光谱

一般情况下，利用光谱传感器采集的作物冠层光谱信息是冠层光谱和土壤背景两部分光谱信息的加权平均值。在采集冠层光谱信息过程中，土壤背景是影响冠层光谱特征的最大因素。已研究发现，随着土壤水分含量的增加，土壤反射率逐渐降低，特别是在水汽吸收光谱波段范围（1 450 nm、1 960 nm 等附近）下降显著。目前，克服土壤背景影响的有效途径主要有，一是提取对土壤背景不敏感的光谱植被指数，提高作物冠层光谱信息的占比，进而减少土壤背景影响；二是采用成像光谱传感器采集冠层光谱，只提取作物冠层反射光谱信息，删除土壤背景信息。

2.1.2 图像获取原理

作物的许多生长特征都是视觉特征。不同波长的电磁波刺激人的视觉器官感知色彩（何东健等，2003）。任何颜色都可以通过红、绿和蓝三色按不同的比例合成。同样，绝大多数单色光也可以分解成红、绿和蓝散射光，即三色原理。红绿蓝三基色是相互独立的，任何一种基色都不能由其他 2 种颜色合成。利用普通数码相机获取的作物图像为真彩图像，即 RGB 图像，它采用二进制表示颜色，以数字方式记录作物图像，将图像信号转化为数字信号，直接生成数字图像，图像中每个像素都分成 R、G 和 B 3 个分量。数码相机所采集到的作物图像的颜色可反映叶片对白光的吸收和反射情况，而图像数字化则解决了人难以识别过小颜色差异的问题，使得利用作物颜色进行定量监测成为可能。数字图像具有保持图像清晰度、图像信息损失低、便于储存、可使用计算机实现图像处理、分析和信息提取等特点（张薇等，2015）。数字图像是使用数字阵列表示的图像，该阵列中的每一个元素称为像素，图像是像素的二维排列。

2.2　双季稻光谱图像获取方法

2.2.1　光谱数据获取方法

光谱数据获取是指利用光谱传感器采集冠层或单叶反射光谱的过程。目前，常用的光谱传感器主要有高光谱仪 ASD（美国 Analytical Spectral Devices 公司研发，包括波长范围 325～1 075 nm 的 FieldSpec HandHeld 系列和波长范围 325～2 500 nm 的 FieldSpec Pro FR 系列，采样间隔 1.4 nm，分辨率 3 nm，视场角 25°，被动光源）、多光谱仪 GreenSeeker（美国 Oklahoma 州立大学和 N-tech 公司研发，包括 780 nm 和 660 nm 2 个波段，主动光源）和多光谱仪 CGMD（Crop growth monitoring and diagnosis apparatus，南京农业大学研发，包括 810 nm 和 720 nm 2 个波段，视场角 27°，被动光源）等。下面以高光谱仪 ASD FieldSpec Pro FR 为例介绍单叶光谱和冠层光谱数据的获取方法，以多光谱仪 CGMD 为例介绍冠层光谱数据的获取方法。

利用高光谱仪 ASD FieldSpec Pro FR 获取单叶光谱数据的过程为，将需要测量的叶片放入高光谱仪 ASD FieldSpec Pro FR 配备的叶片夹（自带卤素灯光源）中，即可获取单叶的光谱数据，可以在室外原位或室内离体进行测量。图 2-3 为室外原位测量单叶光谱数据的场景。

利用高光谱仪 ASD FieldSpec Pro FR 获取冠层光谱数据的过程为：在晴朗无云或少云、无风或微风天气的 10:00～13:00 时，测试者需穿深色衣服将高光谱仪 ASD FieldSpec Pro FR 测量探头垂直向下，一般距离冠层 1 m 左右，每个小区测定前使用标准白板进行校正，每个小区测量 3～5 个点，每点记录 5～9 个采样光谱，取均值作为该小区测量值。图 2-4 为测量冠层光谱数据的场景。

图 2-3　高光谱仪 ASD FieldSpec Pro FR 获取单叶光谱数据

图 2-4　高光谱仪 ASD FieldSpec Pro FR 获取冠层光谱数据

利用多光谱仪 CGMD 获取冠层光谱数据的过程为：在晴朗无云或少云、无风或微风天气的 10:00～13:00 时，测试者需穿深色衣服将多光谱仪 CGMD 测量传感器垂直向下，一般距离冠层 1 m 左右，每个小区测量 3～5 个点，每点重复测量 3～5 次，取均值作为该小区测量值。图 2-5 为测量冠层光谱数据的场景。

图 2-5　多光谱仪 CGMD 获取冠层光谱数据

2.2.2　图像数据获取方法

根据不同的需要和应用环境，利用数码相机采集数字图像的平台可分为固定式和移动式采集平台。固定式采集平台主要是固定数码相机等便携式设备的位置，定时定点进行图像采集，存在时效性差、监测区域窄、效率低等不足。下面以移动式采集平台为例来介绍单叶图像和冠层图像数据的获取方法。

单叶图像数据的获取过程为，在人造光源条件下，利用数码相机等设备采集叶片某个部位的数字图像。目前，使用较广泛的单叶图像获取设备包括工业相机 CCD，数码相机、多光谱相机等。图 2-6 为便携式工业 CCD 相机和镜头。

(a)工业CCD相机

(b)成像镜头

(c)相机镜头组合

图 2-6　便携式工业 CCD 相机和镜头

冠层图像数据的获取过程为，利用数码相机或无人机等设备在自然光条件下采集监测田块或园区的冠层图像。在此以佳能公司生产的数码相机和深圳大疆创新科技有限公司生产的无人机为例，简要说明冠层图像数据的获取。

在晴朗无云或少云、无风或微风天气的 10:00～13:00 时，采用佳能 EOS400 相机（像素 1 010 万）垂直于地面，镜头距离双季稻冠层约 1 m，相机设置成自动曝光模式，每块田采集 3～5 个点，每点拍摄 3～5 张照片，图像以 JPEG 的格式保存。图 2-7 为数码相机采集冠层图像数据的场景。

在晴朗无云或少云、无风或微风天气的 10:00～13:00 时，采用大疆御 Mavic Pro 型无人机（传感器 1/2.3 英寸 CMOS，有效像素 1 235 万，最大分辨率 4 000×3 000，质量 734 g，续航时间 21 min）拍摄冠层无人机数码影像。拍摄前在卫星地图上定位目标航拍区，规划飞行航线，设置无人机和相机的参数，对目标试验区进行拍摄。一般无人机飞行高度为 10～60 m，飞行速度为 5 m/s，航向和旁向重叠率为 60%～85%，相机设置为自动对焦和自动曝光模式。数码影像获取后，采用 Agisoft Photoscan

图 2-7　数码相机采集冠层图像数据

Professional 等软件进行图像拼接，对拼接图像进行辐射校正和背景去除后，利用 ENVI（The environment for visualizing images）等软件提取与计算颜色指数和纹理特征等，用于构建双季稻叶面积指数、生物量、叶片氮含量等生长指标监测模型。图2-8为无人机采集冠层图像数据的场景。

图 2-8　大疆御 Mavic Pro 型无人机采集冠层数码影像

2.3 双季稻光谱图像获取规范

为快捷、准确地获取光谱图像数据，需要按照一定的规范要求进行操作，避免人为操作仪器不当和天气条件等因素对光谱图像数据的影响，进而保证数据的准确、真实有效。

2.3.1 仪器的检验和标定

获取光谱图像数据的仪器为精密光学仪器，易受高温、潮湿、震动等因素影响，从而影响仪器的精准度。因此，光谱图像仪器及其配件（如相机镜头、标准漫反射白板等）需要定期送至具有资质的第三方检测机构进行检验和标定。

2.3.2 观测的条件和要求

被动光源（需要利用太阳光）的光谱图像仪器（如 ASD 光谱仪），获取单叶或冠层光谱图像数据时，一般选择在晴朗无云或少云、无风或微风的天气条件下测试；主动光源（仪器自带光源）的光谱图像仪器（如 GreenSeeker 光谱仪），获取单叶或冠层光谱图像数据时，一般选择在晴天或阴天、无风或微风的天气条件下测试；两者测定时间范围为 11:00～13:00，以确保太阳高度角达到测试要求。仪器运输过程中，注意防震防潮防摔。测试前，检查是否存在因运输造成的仪器损坏，检查电池电量，检查仪器组成是否完整。按要求进行仪器安装，使仪器处于正常工作状态。

采用手持式光谱仪器获取冠层光谱数据时，一般仪器探头垂直向下，对准长势一致的植株避开行间背景，距离冠层约 1 m，测试者需穿黑色等深色衣服，手持仪器迎光测试采集数据，以减少测试误差。

采用手持数码相机获取冠层图像数据时，一般相机镜头垂直向下，对准长势一致的植株避开行间背景，距离冠层约1 m，选用光圈优先模式，设定ISO感光度为自动，自动白平衡、自动曝光、多点自动对焦，同时关闭闪光灯，记录照片分辨率，以JPEG格式储存。

采用无人机搭载轻型数码相机来获取冠层图像数据时，无人机获取数字图像除受传感器本身属性影响外，还与飞行参数、拍摄参数有关。一般无人机的飞行参数包括飞行高度、飞行速度和飞行轨迹规划等。如飞行高度决定地表分辨率，飞行高度越高，在相同时间内拍摄的面积越大，图像像素越高，容易加剧混合像元效应。拍摄参数包括ISO值、快门速度、光圈等。如果快门速度无法与飞行速度协调，可能造成拍摄图像模糊或者覆盖率不足。因此，通过无人机获取冠层图像需要实现多参数之间的相互调整配合，保证无人机图像获取平台实现最佳效果。在进行无人机航线规划时，要充分考虑内因（相机分辨率、无人机续航时间、法定飞行高度等）和外因（航线方向、图像重叠度、飞行速度等）。航线方式可分为Z字形、环绕形、不规则多边形和自由飞行。Z字形飞行方式是大多数场景都适用的，最适合相对平坦、面积较大的监测区域；环绕形可用于三维模型的构建，如测量株高时，这种方法特别适用，可在物体周围完成一个椭球体任务；在遇到复杂的地形和飞行边界限制时可采用不规则多边形飞行。为避免遗漏图像信息，在飞行时需要特别注意图像的重叠率，至少保证75%的航向重叠率和60%的旁向重叠率（赵欣欣等，2021）。

在室内或室外获取光谱图像数据后，需要及时检查测试数据的质量，并对数据进行编号，以免混淆，发现测试数据有误或漏测，则需要进行补测，以便获取到理想的光谱图像数据。

2.3.3 仪器的维护保养

光谱图像数据采集完毕，需要将仪器放置于运输箱中，避免污染、受潮。

仪器表面有污物或灰尘时，用无尘布或棉签蘸些许酒精清洗，注意不要划伤表面。仪器不使用时，将电池取出，防止电池漏电。切勿自行拆卸仪器的传感器、采集器等部件。

2.4 双季稻生长指标的获取方法

本节主要介绍本书后面章节中双季稻生长指标变化特征、光谱图像参数变化特征、生长指标监测模型及氮素营养诊断调控模型构建与检验等涉及的试验设计和测定项目与方法。

2.4.1 试验设计

试验Ⅰ：于2016年和2017年3—11月在江西省南昌市南昌县开展不同株型双季稻品种和施氮水平的小区试验。采用裂区设计，主区为品种，副区为氮肥。早、晚稻设2个供试品种和4个施氮量，株行距14 cm×24 cm，每穴移栽3株苗，南北行向，小区间以埂相隔，独立排灌，小区面积35 m^2，3次重复。早稻4个施氮量（纯氮）水平依次为0、75、150和225 kg/hm^2，供试早稻品种为‘中嘉早17’（紧凑型）和‘潭两优83’（松散型），3月23日播种，4月22日移栽，7月21日收获。晚稻4个施氮量（纯氮）水平依次为0、90、180和270 kg/hm^2，供试晚稻品种为‘天优华占’（紧凑型）和‘岳优9113’（松散型），6月25日播种，7月24日移栽，10月28日收获。早、晚稻各小区的钾肥和磷肥施用量一致，分别采用氯化钾和钙镁磷肥，用量分别为150 kg/hm^2（以 K_2O 计）和75 kg/hm^2（以 P_2O_5 计）；氮肥采用尿素。氮肥和钾肥均按基肥40%、分蘖肥30%和穗肥30%施用，磷肥作基肥一次施用。其他栽培措施与当地高产栽培一致。

试验Ⅱ：于2013年和2014年3—11月在江西省南昌市南昌县八一乡开展不同双季稻品种和施氮水平的田间小区试验。采用裂区设计，主区为品种，副区为氮肥。早、晚稻均设2个品种和5个施氮水平，重复3次，株行距为14 cm×24 cm，每穴3苗，南北行向，小区间以埂相隔，埂上覆膜，独立排灌，小区面积21.6 m^2。供试早稻品种为‘中嘉早17’和‘潭两优83’，5个施氮水平分别为纯氮0、75、150、225、300 kg/hm^2，3月26日播种，4月25日移栽，7月23日收获；供试晚稻品种为‘天优华占’和‘岳优9113’，5个施氮水平分别为纯氮0、90、180、270、360 kg/hm^2，6月25日播种，7月26日移栽，11月1日收获。早、晚稻氮肥用尿素，分3次施用（基肥40%，分蘖肥30%，穗肥30%）；早稻配施 P_2O_5 75 kg/hm^2 和 K_2O 90 kg/hm^2，晚稻配施 P_2O_5 60 kg/hm^2 和 K_2O 120 kg/hm^2，磷肥用钙镁磷肥，钾肥用氯化钾，全部作基肥施用。其他栽培管理措施同当地高产栽培。

试验Ⅲ：于2017年3—11月在江西省吉安市新干县开展不同株型双季稻品种和施氮量的小区试验。采用裂区设计，主区为品种，副区为氮肥。早、晚稻设2个供试品种和4个施氮水平，设计施氮水平与试验Ⅰ相同。供试早稻品种为‘株两优1号’（紧凑型）和‘淦鑫203’（松散型），3月25日播种，4月24日移栽，每穴移栽3株苗，7月17日收获。供试晚稻品种为‘五丰优T025’（紧凑型）和‘泰优398’（松散型），7月1日播种，7月30日移栽，10月28日收获。早、晚稻4个施氮水平、株行距、行向、小区面积、重复数、氮磷钾肥类型和用量均与试验Ⅰ相同。其他栽培措施与当地高产栽培一致。

试验Ⅳ：于2017年3—11月在江西省吉安市新干县开展不同施氮方案的田间试验。早稻试验设3个施氮方案：（1）不施肥方案（T_0），全生育期不施用氮肥；（2）农户方案（T_1），施氮量为 150 kg/hm^2（纯氮），按基肥 60 kg/hm^2、分蘖肥 45 kg/hm^2 和穗肥 45 kg/hm^2 施入；（3）精确方案（T_2），施氮量为纯氮 60 kg/hm^2＋模型推荐施氮量，基肥按 60 kg/hm^2 施入，分蘖肥和穗肥分别按模型推荐施氮量施入。早稻供试品种为‘株两优 1 号’，播种期、移栽期和收获期与试验Ⅲ相同。晚稻试验设 3 个施氮方案：（1）不施肥方案（T_0），全生育期不施用氮肥；（2）农户方案（T_1），施氮量为 180 kg/hm^2（纯氮），按基肥 72 kg/hm^2、分蘖肥 54 kg/hm^2 和穗肥 54 kg/hm^2 施入；（3）精确方案（T_2），施氮量为纯氮 72 kg/hm^2＋模型推荐施氮量，基肥按 72 kg/hm^2 施入，分蘖肥和穗肥分别按模型推荐施氮量施入。晚稻供试品种为‘五丰优 T025’，播种期、移栽期和收获期与试验Ⅲ相同。随机区组设计，株行距为 14 cm×24 cm，每穴栽 3 苗，南北行向，小区间以埂相隔，独立排灌，小区面积为 56 m^2，重复 3 次。早、晚稻的钾肥和磷肥类型和用量与试验Ⅰ相同。其他栽培措施与当地高产栽培一致。

试验Ⅴ：于 2017 年 3—11 月在江西省鹰潭市余江县开展不同施氮方案的田间试验。早稻试验设 3 个施氮方案，与试验Ⅳ相同。早稻供试品种为‘淦鑫 203’，播种期为 3 月 26 日，移栽期为 4 月 25 日，收获期为 7 月 16 日。晚稻试验设 3 个施氮方案，与试验Ⅳ相同。晚稻供试品种为‘黄莉占’，播种期为 6 月 28 日，移栽期为 7 月 27 日，收获期为 10 月 27 日。株行距、行向、小区面积和重复与试验Ⅳ相同。早、晚稻的钾肥和磷肥类型和用量与试验Ⅰ相同。其他栽培措施与当地高产栽培一致。

试验Ⅵ：于 2019 年和 2020 年 3—7 月在江西省高安市江西省农业科学院高安基地（28°25′27″N，115°12′15″E）开展不同双季稻品种和施氮水平的小区试验。采用裂区设计，主区为品种，副区为施氮水平。早、晚稻均设 2 个供试品种和 4 个施氮水平。

供试早稻品种为‘中嘉早 17’和‘长两优 173’，3 月 25 日播种，4 月 25 日移栽，7 月 16 日收获。供试晚稻品种为‘泰优航 1573’和‘富美占’，6 月 24 日播种，7 月 23 日移栽，10 月 30 日收获。早、晚稻 4 个施氮水平、株行距、行向、小区面积、重复数、氮磷钾肥类型和用量均与试验Ⅰ相同。其他栽培管理措施同当地高产水平。

2.4.2 测定项目与方法

植株形态测定：于早、晚稻孕穗期和抽穗后 12 d 在每个小区通过测定植株高度和茎蘖数等方式，选取平均大小的代表性植株 4 株在田间实地测定株高、主茎倒一、二、三叶的叶长、叶基角和穗长。

叶面积指数（Leaf area index，LAI）测定：于早、晚稻主要生育期在每个小区选取平均大小的代表性植株 4 株带回实验室，采用分层切割法，自地面向上每 15 cm 为一层，最上层不足 15 cm 的并入下一层，同一层的叶片归集到一起，烘干 48 h 至恒重后称量，采用比叶重法计算每层叶面积，进而得到分层叶面积指数和累积叶面积指数。

叶干重（Leaf dry weight，LDW）测定：通过测定植株高度和茎蘖数等方式，于早、晚稻主要生育期在每个小区选择生长一致的代表性稻株 4 株带回实验室，根据植株器官发育情况，将样品植株分离为叶、茎鞘和穗，在 105 ℃杀青 30 min，80 ℃烘干 48 h 至恒重，将各器官称量后，根据密度计算单位土地面积上的叶干重（g/m^2）。

分蘖数（Tiller number，TN）测定：于早、晚稻主要生育期在每个小区连续选择生长一致的代表性稻株 30 穴，通过人工计数观测每穴双季稻的分蘖数，取平均值作为该小区单穴的分蘖数。

氮含量和氮积累量测定：于早、晚稻主要生育期在每个小区选取长势相同的代表性稻株4株带回实验室，根据植株器官发育情况，将样品植株分离为叶、茎鞘和穗，在105 ℃杀青30 min，80 ℃烘干48 h至恒重后称量，采用凯氏定氮法测定叶片（植株）氮含量（%），叶片（植株）氮积累量为叶片（植株）氮含量与叶（植株）干重的乘积（g/m^2）。

数据处理与模型检验：在Microsoft Excel中进行数据整理，利用SAS软件中的PROC ANOVA进行方差分析，用LSD法进行多重比较；利用ViewSpec软件对冠层ASD光谱反射率进行预处理。模型检验采用国际上常用的相关系数（Correlation coefficient，*r*）、均方根误差（Root mean square error，RMSE）和相对均方根误差（Relative root mean square error，RRMSE）3个指标来评价模型的监测精度和可靠性，并绘制观测值和预测值间的1∶1关系图直观显示模型拟合度和预测效果。

第 3 章　双季稻生长指标与光谱图像参数的变化特征

利用光谱图像参数可对双季稻生长指标进行快速无损监测，对于提高双季稻长势信息获取效率、实现双季稻生产精确管理具有重要意义。要达到双季稻生长指标快速无损监测的目的，首先要阐明双季稻生长指标与光谱图像参数的变化特征。在实际生产中，双季稻生长指标与光谱图像参数受不同品种、生育进程和栽培管理措施等因素的影响而表现出一定的差异。因此，探明双季稻生长指标与光谱图像参数在不同处理条件下的变化特征，有助于阐明双季稻光谱图像参数无损监测的内在机理。本章主要介绍不同生育期和施氮水平下的双季稻植株形态、叶面积指数、叶干重、分蘖数、叶片氮含量、叶片氮积累量等生长指标及光谱植被指数、颜色参数的变化特征。

3.1　双季稻生长指标的变化特征

3.1.1　植株形态的变化特征

植株形态是表征作物几何形态特征与空间分布状态的重要指标，不同植株形态导致冠层结构的变化，引起冠层内光谱反射、吸收和透射的不同，改变了冠层内光能的分布与利用，直接影响作物生长发育和产量形成（张晓翠等，2012；Stewart et al.，2003）。由表 3 - 1 可知，施氮水平对早、晚稻株高、叶长、叶基

表 3-1 不同生育期、品种、施氮水平下的早、晚稻植株形态特征

处理	孕穗期							抽穗后 12d							
	株高	叶长(cm)			叶基角(°)			株高	叶长(cm)			叶基角(°)			穗长
	(cm)	倒1	倒2	倒3	倒1	倒2	倒3	(cm)	倒1	倒2	倒3	倒1	倒2	倒3	(cm)
C1N0	75.0 d	27.8 d	32.9 c	31.8 d	11.5 d	14.2 d	19.0 d	83.3 d	30.1 c	34.3 c	33.2 b	13.1 d	15.8 d	20.6 d	17.7 c
C1N1	79.7 c	29.7 c	33.8 c	32.8 c	12.7 c	16.0 c	22.0 c	88.6 c	31.2 c	35.2 b	34.0 b	14.3 c	17.6 c	23.6 c	19.0 b
C1N2	81.9 b	31.6 b	34.3 b	34.2 b	13.7 b	18.8 b	23.7 b	91.0 b	32.5 b	35.6 b	35.5 a	15.3 b	20.4 b	25.3 b	19.7 b
C1N3	85.1 a	33.5 a	35.0 a	35.2 a	17.2 a	23.0 a	27.1 a	93.3 a	34.5 a	36.6 a	36.1 a	18.8 a	24.6 a	28.7 a	20.5 a
C2N0	74.1 d	30.7 c	34.8 d	32.6 d	13.9 d	16.4 d	20.7 d	83.0 d	32.0 c	36.1 d	34.3 c	15.5 d	18.0 d	22.3 d	19.7 b
C2N1	76.4 c	31.8 b	35.7 c	34.2 c	15.9 c	18.7 c	22.9 c	85.1 c	33.1 b	37.0 c	35.5 b	17.5 c	20.3 c	24.5 c	19.3 b
C2N2	78.6 b	32.4 b	37.2 b	35.1 b	17.8 b	20.2 b	24.7 b	87.3 b	33.4 b	38.5 b	36.4 b	19.4 b	21.8 b	26.3 b	19.8 a
C2N3	81.1 a	34.4 a	38.6 a	36.0 a	19.0 a	23.8 a	29.8 a	90.2 a	35.4 a	39.6 a	37.0 a	20.6 a	25.4 a	31.4 a	20.1 a
C3N0	87.3 d	31.7 d	34.8 c	32.4 d	11.8 d	13.1 d	18.2 d	96.7 c	33.0 d	36.1 c	33.7 d	13.4 d	15.4 c	20.1 d	18.7 c
C3N1	89.7 c	32.7 c	36.0 b	34.1 c	13.0 c	14.9 c	20.9 c	98.4 b	34.0 c	37.3 b	35.4 c	14.6 c	16.5 c	22.5 c	19.5 b
C3N2	93.4 b	33.9 b	36.2 b	34.6 b	14.0 b	17.1 b	23.5 b	101.5 a	35.0 b	37.5 b	35.9 b	15.6 b	18.7 b	24.7 b	21.0 b
C3N3	94.8 a	34.9 a	37.5 a	35.6 a	17.8 a	19.1 a	26.2 a	103.1 a	36.5 a	38.5 a	36.8 a	19.4 a	20.7 a	28.1 a	21.6 a
C4N0	77.7 c	31.9 d	35.4 d	33.6 c	14.5 c	15.3 d	20.5 d	86.4 c	33.2 d	36.7 d	35.6 c	16.1 c	17.6 d	22.1 c	19.6 c
C4N1	80.6 b	33.8 c	36.8 c	35.5 b	15.1 c	18.3 c	23.3 c	89.2 b	35.1 c	38.2 c	36.8 b	16.7 c	19.9 c	24.2 c	20.6 b
C4N2	83.6 a	35.2 b	38.2 b	36.8 a	19.5 b	20.4 b	26.6 b	92.5 a	36.5 b	39.0 b	38.4 a	21.1 b	22.0 b	27.5 b	22.7 a
C4N3	85.0 a	36.6 a	39.5 a	37.2 a	20.9 a	24.5 a	31.3 a	94.2 a	37.6 a	40.5 a	38.8 a	22.5 a	26.1 a	32.2 a	23.3 a

注：C1：中嘉早 17；C2：潭两优；C3：天优华占；C4：岳优 9113；N0：0kg/hm^2；N1：早稻 75kg/hm^2，晚稻 90 kg/hm^2；N2：早稻 150 kg/hm^2，晚稻 180 kg/hm^2；N3：早稻 225 kg/hm^2，晚稻 270 kg/hm^2。相同品种的不同氮素水平间，标以不同字母表示在 0.05 水平上差异显著。

角和穗长均有显著影响。不同生育期4个供试品种的株高均随施氮水平的增加而增大，如抽穗后12 d‘中嘉早17’（C1）N3的株高达93.3 cm，而N0仅为83.3 cm，相差10 cm；‘天优华占’（C3）N3与N0处理的株高相差6.4 cm。不同生育期4个供试品种倒一、二、三叶的叶长和叶基角均表现为随施氮水平的增加而增大，说明增施氮肥使早、晚稻植株生长旺盛，进而造成叶长和叶基角增大。穗长也随施氮水平的增加而增大，如抽穗后12 d‘中嘉早17’（C1）N0、N1、N2和N3的穗长分别为17.7、19.0、19.7和20.5 cm。不同生育期早稻品种‘中嘉早17’（C1）倒一、二、三叶的叶长和叶基角均小于‘潭两优83’（C2），晚稻品种‘天优华占’（C3）倒一、二、三叶的叶长和叶基角均小于‘岳优9113’（C4），说明‘中嘉早17’和‘天优华占’品种株型更为紧凑和直立（李艳大等，2019b）。

3.1.2 叶面积指数的变化特征

叶面积指数（Leaf area index，LAI）是表征双季稻冠层光截获能力和建立高光效群体的重要调控指标。由表3-2可知，施氮水平对早、晚稻LAI均有显著影响。不同生育期早、晚品种的LAI均随施氮水平增加而增大，同一品种不同施氮水平之间差异显著。如早稻品种‘中嘉早17’拔节期0～225 kg/hm^2 4个施氮水平的LAI分别为3.00、3.78、4.28和4.73。不施氮处理的LAI值相对较低，在生产中不利于光合产物的积累；225 kg/hm^2 施氮水平的早、晚稻LAI值显著高于其他处理（$P<0.05$），但因施氮量偏高，在生产中容易造成营养生长期延长和贪青晚熟。同一施氮水平下，随生育进程的推进，不同早、晚稻品种的LAI均呈“低—高—低”的变化趋势，即生长前期（分蘖期至拔节期）相对较低，中期（孕穗期）达到峰值，后期（抽穗期至灌浆期）又逐渐降低。如早稻品种‘潭两优83’150 kg/hm^2 处理分

蘖期、拔节期、孕穗期、抽穗期和灌浆期的 LAI 分别为 2.61、4.32、6.59、6.48 和 4.95（李艳大等，2020a）。

表 3-2 不同生育期和施氮水平下的早、晚稻叶面积指数变化特征

作物	品种	施氮水平（kg/hm²）	各生育期叶面积指数				
			分蘖期	拔节期	孕穗期	抽穗期	灌浆期
早稻	中嘉早 17	0	1.65 d	3.00 d	3.43 d	3.40 d	2.80 d
		75	2.27 c	3.78 c	5.29 c	5.07 c	4.21 c
		150	2.51 b	4.28 b	6.37 b	6.20 b	4.83 b
		225	2.79 a	4.73 a	6.91 a	6.65 a	5.37 a
	潭两优 83	0	1.69 d	3.14 d	3.50 d	3.47 c	2.90 d
		75	2.28 c	3.81 c	5.31 c	5.16b	4.26 c
		150	2.61 b	4.32 b	6.59 b	6.48 a	4.95 b
		225	2.82 a	4.75 a	7.01 a	6.68 a	5.41 a
晚稻	天优华占	0	2.05 d	3.10 d	4.34 d	3.84 d	3.43 d
		90	2.51 c	3.66 c	5.85 c	5.26 c	4.65 c
		180	2.83 b	4.22 b	7.07 b	6.50 b	5.35 b
		270	3.07 a	4.80 a	7.38 a	7.16 a	5.62 a
	岳优 9113	0	2.11 c	3.19 d	4.41 d	3.85 d	3.48 c
		90	2.54 b	3.91 c	5.97 c	5.32 c	4.70 b
		180	2.86 ab	4.23 b	7.14 b	6.60 b	5.51 a
		270	3.10 a	4.83 a	7.45 a	7.23 a	5.63 a

注：相同品种的不同施氮量之间，不同字母代表在 0.05 水平上差异显著。

不同生育期和不同冠层高度上的分层 LAI 的差异一定程度上反映了早、晚稻 LAI 的时空分布动态特征。由图 3-1 可知，4 个供试早、晚稻品种孕穗期不同冠层高度的分层 LAI 大于抽穗后 12 d，如孕穗期'中嘉早 17'（C1）N3 处理 H1 至 H6 冠层高度的分层 LAI 分别为 0.3、0.8、1.5、1.7、1.5 和 0.6，而抽穗后 12 d N3 处理 H1 至 H6 冠层高度的分层 LAI 分别为 0.2、

0.7、1.1、1.4、1.2 和 0.4。4 个供试早、晚稻品种不同生育期各冠层高度的分层 LAI 呈中部大于上部和下部的分布特征，最大分层 LAI 出现在约 0.58 相对高度处，如孕穗期‘潭两优 83’（C2）N3 处理 H1 至 H6 冠层高度的分层 LAI 分别为 0.4、0.9、1.4、1.7、1.4 和 0.8。冠层上中部分层 LAI 随着施氮水平的增加而增大，N3 处理显著高于 N2、N1 和 N0 处理，而冠层下部分层 LAI 以 N2 处理较高，说明施氮量过高或过低均会加快冠层下部叶片早衰。不同生育期晚稻品种‘天优华占’（C3）和‘岳优 9113’（C4）冠层中部的分层 LAI 均大于早稻品种‘中嘉早 17’（C1）和‘潭两优 83’（C2），而冠层上下部的分层 LAI 早、晚稻品种间差异不大（李艳大等，2019b）。

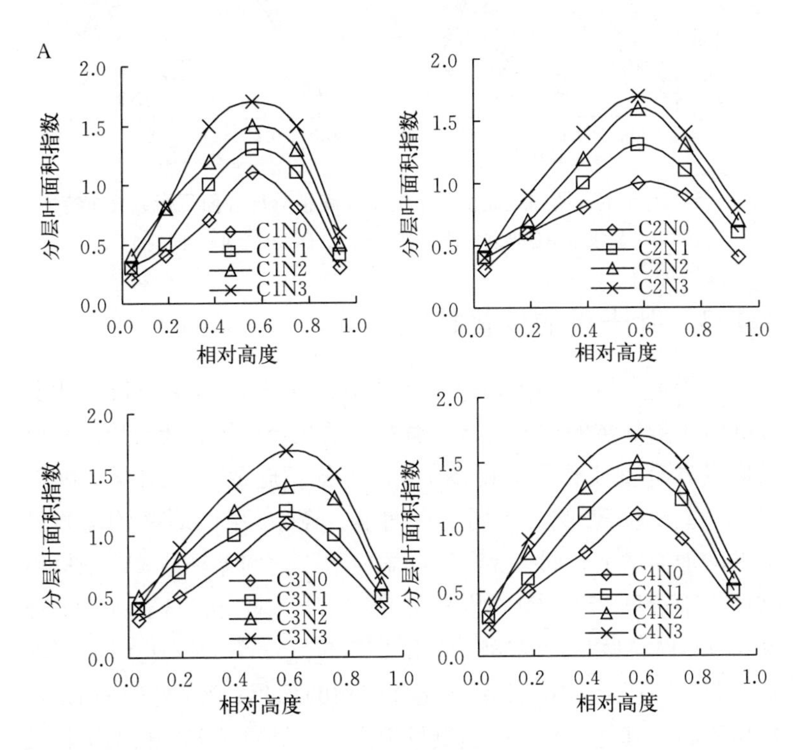

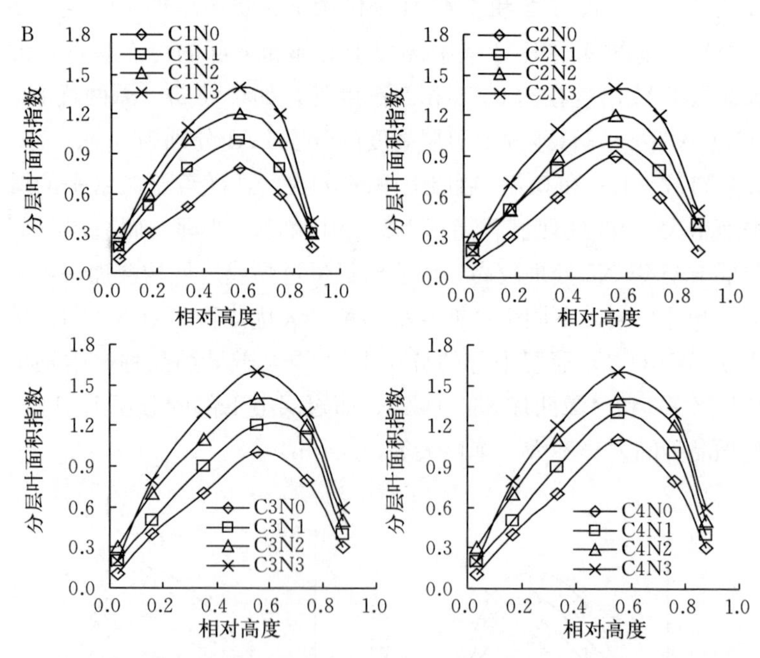

图 3-1 不同生育期和施氮水平下的早、晚稻分层叶面积指数分布特征

A 和 B 分别表示孕穗期和抽穗后 12 d。C1、C2、C3 和 C4 同表 3-1。

3.1.3 叶干重的变化特征

叶干重（Leaf dry weight，LDW）是表征双季稻长势状况和群体质量优劣的重要指标，对双季稻光合作用、物质生产和产量形成具有重要作用。由图 3-2 可知，施氮水平对早、晚稻 LDW 均有显著影响。不同生育期早、晚品种的 LDW 均随施氮水平增加而增大，同一品种不同施氮水平之间差异显著。如早稻品种‘中嘉早 17’（C1）拔节期 N0、N1、N2 和 N3 的 LDW 分别为 99.14、148.11、181.04 和 215.65 g/m^2。N0 处理由于不施氮肥，LDW 较小，不利于光合产物的积累；N3 处理的 LDW 均显著高于其他处理，因施氮量偏高，易导致营养生长期延长及贪青晚熟。在同一施氮水平下，早、晚稻品种的 LDW 均随生育进程的推进呈先升后降的动态变化趋势，即生长前期（分蘖期至拔节期）LDW 较低，中期（孕穗期）达到最大值，后期（抽穗期至灌浆期）逐渐降低。如晚稻品种‘岳优 9113’（C4）N2 处理分蘖期、拔节期、孕穗期、抽穗期和灌浆期的 LDW 分别为 119.48、232.86、307.30、260.83 和 232.12 g/m^2（李艳大等，2021）。

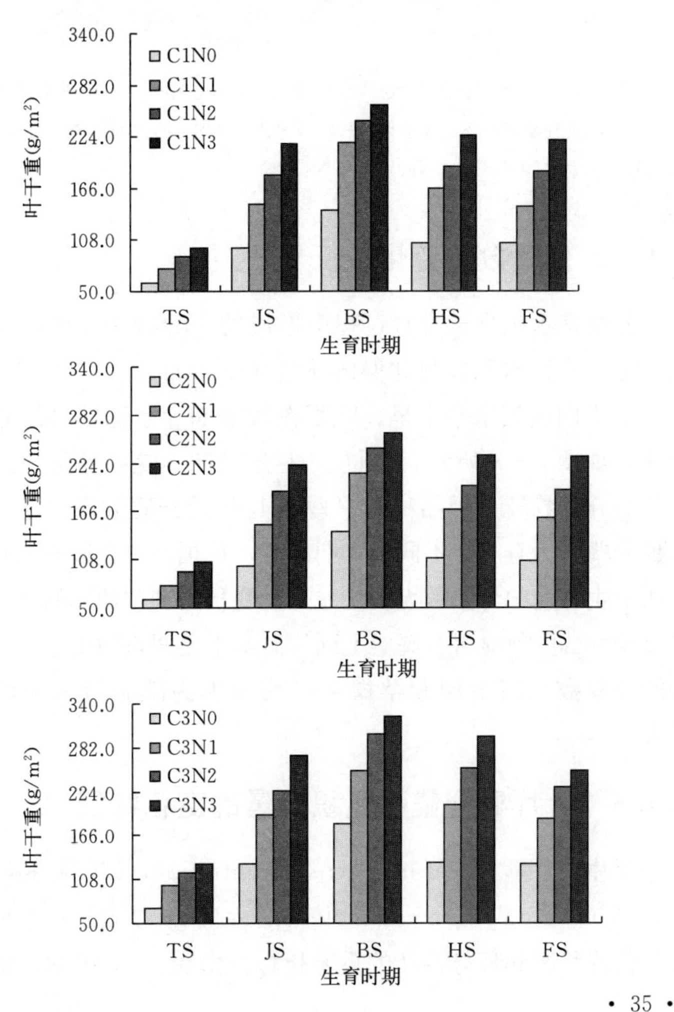

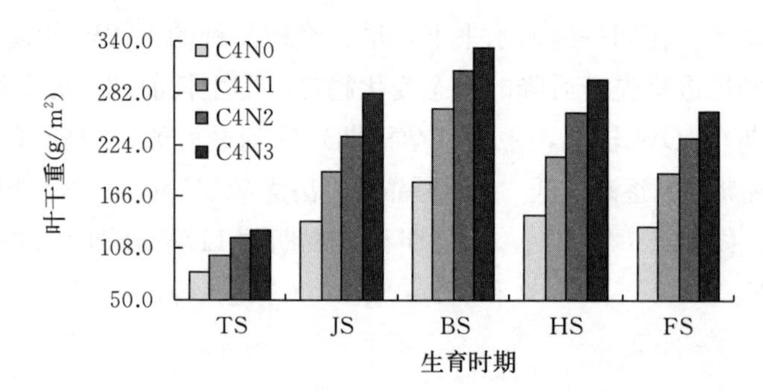

图 3-2 不同生育期和施氮水平下的早、晚稻叶干重的变化特征

TS：分蘖期；JS：拔节期；BS：孕穗期；HS：抽穗期；FS：灌浆期。C1、C2、C3、C4、N0、N1、N2 和 N3 同表 3-1。

3.1.4 分蘖数的变化特征

分蘖是水稻生长发育过程中形成的一种特殊分枝，其数量能够用于表征水稻长势和群体质量（Li et al.，2003）。图 3-3 展示了不同施氮水平下早、晚稻在拔节期和孕穗期时的分蘖数变化。如图 3-3 所示，在同一生育时期，晚稻品种‘天优华占’的分蘖数较早稻品种‘中嘉早 17’的分蘖数多，这主要与品种分蘖能力有关。不同生育期相比，早稻品种在拔节期和孕穗期两个生育期的分蘖数无明显差异；晚稻品种孕穗期的分蘖数较拔节期的分蘖数显著升高。不同施氮水平之间，两个早、晚稻品种的分蘖数在拔节期和孕穗期时均表现为随施氮水平增加而增大。

3.1.5 叶片氮含量和氮积累量的变化特征

叶片氮含量（Leaf nitrogen concentration，LNC）和叶片氮积累量（Leaf nitrogen accumulation，LNA）是表征双季稻植株氮素营养状况和长势特征的重要指标。由表 3-3 可知，施氮水

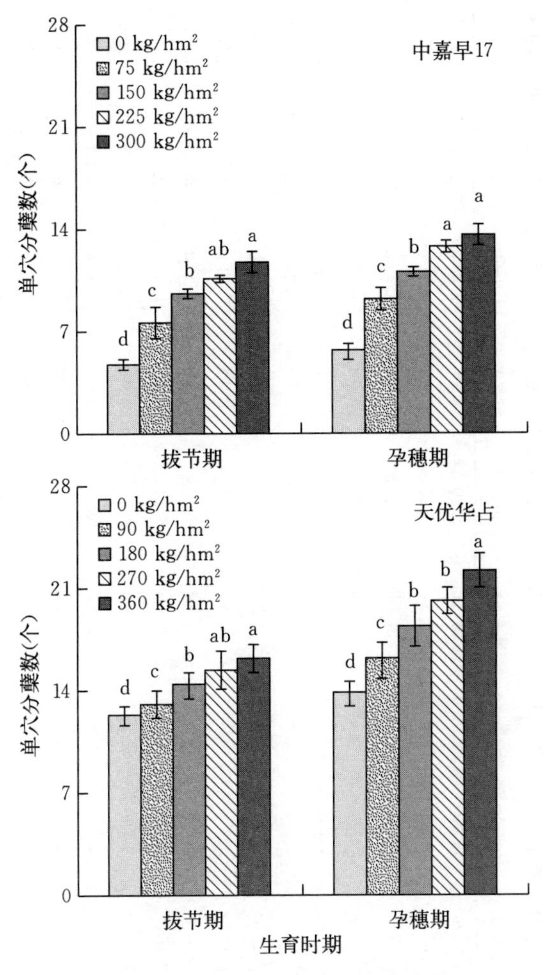

图 3-3　不同施氮水平下的早、晚稻分蘖数变化特征

平对早、晚稻 LNC 和 LNA 均有显著影响。不同生育期早、晚稻品种的 LNC 和 LNA 均随施氮水平的增加而增大，同一品种不同施氮水平间差异显著。如早稻品种‘潭两优 83’（C2）孕穗期 N0、N1、N2 和 N3 的 LNC 依次为 2.4％、2.9％、3.2％和

表 3-3 不同生育期和施氮水平下的早、晚稻叶片氮含量和叶片氮积累量变化特征

处理	分蘖期		拔节期		孕穗期		抽穗期		灌浆期	
	叶片氮含量 (%)	叶片氮积累量 (g/m²)	叶片氮含量 (%)	叶片氮积累量 (g/m²)	叶片氮含量 (%)	叶片氮积累量 (g/m²)	叶片氮含量 (%)	叶片氮积累量 (g/m²)	叶片氮含量 (%)	叶片氮积累量 (g/m²)
C1N0	1.7 c	1.00 d	2.2 d	2.15 d	2.3 d	3.30 d	2.2 d	2.32 d	2.1 c	2.19 d
C1N1	2.2 b	1.64 c	2.6 c	3.79 c	2.7 c	5.95 c	2.5 c	4.15 c	2.4 b	3.42 c
C1N2	2.4 a	2.12 b	2.9 b	5.32 b	3.1 b	7.43 b	2.8 b	5.42 b	2.5 b	4.50 b
C1N3	2.6 a	2.57 a	3.0 a	6.52 a	3.3 a	8.47 a	3.2 a	7.12 a	2.6 a	5.79 a
C2N0	1.8 d	1.04 d	2.2 c	2.18 d	2.4 c	3.35 d	2.2 d	2.44 d	2.1 d	2.25 d
C2N1	2.2 c	1.69 c	2.6 b	3.84 c	2.9 b	6.21 c	2.5 c	4.23 c	2.4 c	3.74 c
C2N2	2.4 b	2.25 b	3.0 a	5.63 b	3.2 a	7.72 b	2.9 b	5.62 b	2.5 b	4.75 b
C2N3	2.6 a	2.75 a	3.1 a	6.80 a	3.3 a	8.51 a	3.2 a	7.41 a	2.7 a	6.17 a
C3N0	1.8 d	1.25 d	2.2 c	2.83 d	2.4 c	4.40 d	2.3 d	2.99 d	2.2 d	2.79 d
C3N1	2.2 c	2.20 c	2.6 b	5.01 c	3.1 b	7.74 c	2.6 c	5.27 c	2.4 c	4.57 c
C3N2	2.4 b	2.80 b	3.1 a	6.87 b	3.2 a	9.69 b	2.9 b	7.31 b	2.7 b	6.16 b
C3N3	2.9 a	3.43 a	3.1 a	8.41 a	3.3 a	10.75 a	3.2 a	9.47 a	3.1 a	7.72 a
C4N0	1.8 d	1.50 d	2.3 c	3.15 d	2.4 d	4.46 d	2.3 d	3.40 d	2.2 d	2.93 d
C4N1	2.3 c	2.25 c	2.7 b	5.12 c	3.1 c	8.18 c	2.6 c	5.42 c	2.5 c	4.72 c
C4N2	2.5 b	2.93 b	3.1 a	7.15 b	3.2 b	9.92 b	2.9 b	7.52 b	2.7 b	6.30 b
C4N3	2.8 a	3.54 a	3.1 a	8.83 a	3.4 a	11.31 a	3.2 a	9.65 a	3.1 a	8.11 a

注：不同字母表示相同品种不同施氮水平间差异显著（$P<0.05$）；C1、C2、C3、C4、N0、N1、N2 和 N3 同表 3-1。

3.3%，LNA依次为3.35、6.21、7.72和8.51 g/m²。在同一施氮水平下，早、晚稻品种的LNC和LNA随生育进程的推进呈先升后降的趋势，即从分蘖期至孕穗期逐渐升高，孕穗期达到最大值而后逐渐降低。如晚稻品种'天优华占'（C3）N2处理分蘖期、拔节期、孕穗期、抽穗期和灌浆期的LNA依次为2.80、6.87、9.69、7.31和6.16 g/m²。

3.2 双季稻高光谱反射率与光谱植被指数的变化特征

3.2.1 冠层反射高光谱的变化特征

反射率是指植物反射的辐射量占入射总辐射量的比值，植株对不同波段区间的辐射存在不同的反射能力（姚霞，2009）。通过施用氮素能改变双季稻内部物质含量和冠层结构，进而对反射高光谱产生影响。图3-4为拔节期不同施氮水平下的早、晚稻冠层高光谱反射率变化特征。由图3-4可知，不同波段区间的反射高光谱对施氮水平的响应存在明显差异，在可见光波段区间（350～710 nm）反射率随施氮水平的增加而降低，在近红外光波段区间（710～1 100 nm）反射率随施氮水平的增加而上升。主要原因在于，施用氮素促进了双季稻生长，一方面增加了双季稻叶绿素等色素类物质的含量，导致其对可见光波段区间的吸收能力增强，反射率下降。另一方面，双季稻植株生长增加了其群体结构的复杂度，导致其对近红外波段区间的反射率升高。

3.2.2 冠层光合有效辐射截获率的变化特征

太阳辐射中对作物光合作用有效的光谱成分称为光合有效辐射（Photosynthetically active radiation，PAR），是形成生物量

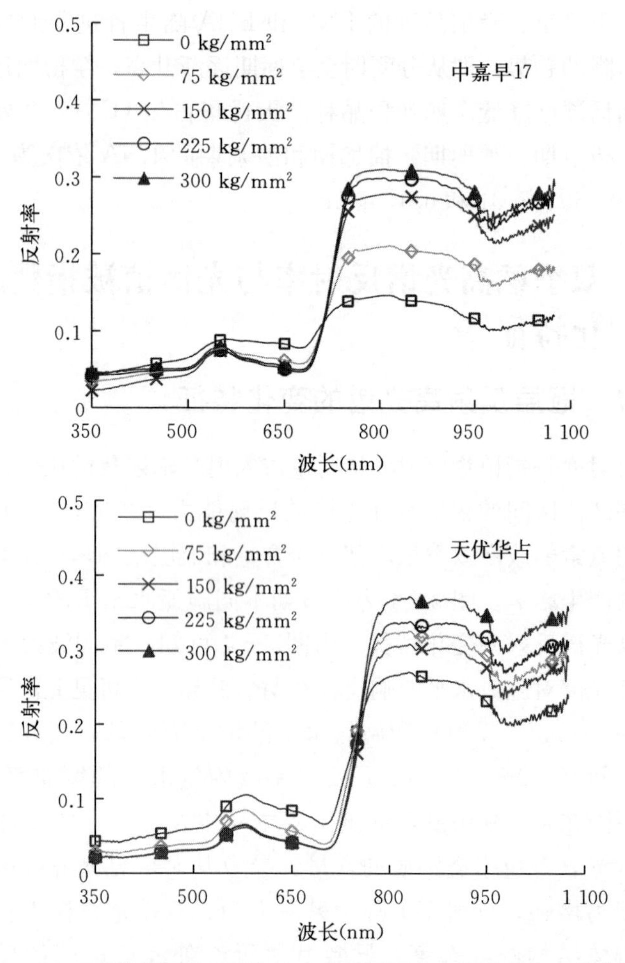

图 3-4 不同施氮水平下的早、晚稻冠层高光谱反射率变化特征

的基本能源，波长范围 380～710 nm，与可见光基本重合。光合有效辐射截获率直接影响作物的生长发育和产量形成，是表征作物群体质量和冠层结构优劣及塑造理想株型的重要指标（朱相成等，2012；汤亮等，2012）。李艳大等（2019b）对双季稻不同

冠层高度上的 PAR 截获率点值进行插值分析，得到 PAR 截获率（Interception rate of photosynthetically active radiation，IPAR）的分布变化特征（图 3－5）。由于供试早、晚稻品种在不同生育期、时刻和施氮水平下各冠层高度上 IPAR 的分布变化特征相似，因此这里仅给出早稻品种‘中嘉早 17’孕穗期和抽穗后 12 d N2 处理 9:00 和 13:00 的数据。由图 3－5 可知，不同冠层高度上 IPAR 三维空间分布的峰谷变化可以直观显示出 IPAR 在冠层不同行向和行间位置上的分布、过渡和演变过程，同一冠层高度水平面上的 IPAR 呈不均匀的多峰分布。早稻品种‘中嘉早 17’孕穗期 9:00 和 13:00 相同冠层高度的 IPAR 均大于抽穗后12 d，如孕穗期 9:00 H4 冠层高度水平面上主要为 IPAR 大于 0.90 的光斑，而抽穗后 12 d 主要为 IPAR 大于 0.85 的光斑。

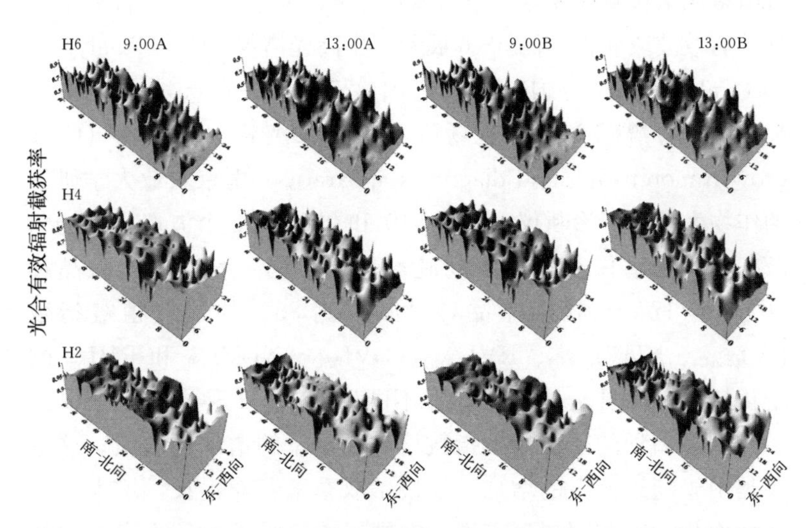

图 3－5　不同生育期、时刻、冠层高度下的‘中嘉早 17’N2 处理冠层内光合有效辐射截获率的分布变化特征

注：H2、H4 和 H6 分别表示距地面 15 cm、45 cm 和 75 cm 的冠层高度；A 和 B 分别表示孕穗期和抽穗后 12 d。

不同生育期相同时刻的 IPAR 随着冠层高度的降低而迅速增加，H2 冠层高度的 IPAR 显著高于 H4 和 H6 冠层高度，且变化较平缓。随着太阳高度角的升高，相同冠层高度水平面上 13:00 的 IPAR 比 9:00 明显减少。

3.2.3 冠层植被指数的变化特征

植被指数是指利用不同光谱波段数据经线性或非线性组合构成的能反映绿色植物的生长状况和分布的特征指数。在实际生产中应用最为广泛的植被指数多由红光波段和近红外波段组合而成，如差值植被指数（Difference vegetation index，DVI）、归一化植被指数（Normalized difference vegetation index，NDVI）和比值植被指数（Ratio vegetation index，RVI）等。植被指数可由多光谱仪直接获取，也可通过提取高光谱仪获取的高光谱数据的有效波段获得。图 3-6 展示了由高光谱仪 ASD（Analytical spectral device，美国，波长范围 325～1 075 nm，采样间隔 1.4 nm，分辨率 3 nm，视场角 25°）和多光谱仪 CGMD（Crop growth monitoring and diagnosis apparatus，南京农业大学研发的作物生长监测诊断仪，包括 810 和 720 nm 2 个波段，视场角 27°）2 种光谱仪获取的不同施氮量下不同生育期紧凑型品种‘中嘉早 17’和松散型品种‘潭两优 83’的冠层植被指数 DVI_{CGMD}、$NDVI_{CGMD}$、RVI_{CGMD}、DVI_{ASD}、$NDVI_{ASD}$ 和 RVI_{ASD} 的变化特征。由图 3-6 可知，在不同生育期，2 种光谱仪获取的不同株型品种的冠层植被指数均随施氮量的增加而增大。这主要是由于随施氮量的增加，加快了双季稻营养生长，增大了冠层叶面积指数和冠层覆盖度。在同一施氮量下，随生育进程的推进，2 种光谱仪获取的不同株型品种的冠层植被指数均呈“低—高—低”的变化趋势，即在分蘖期较低，拔节期较高，孕穗期达到峰值，抽穗期至灌浆期再逐渐降低。此外，2 种光

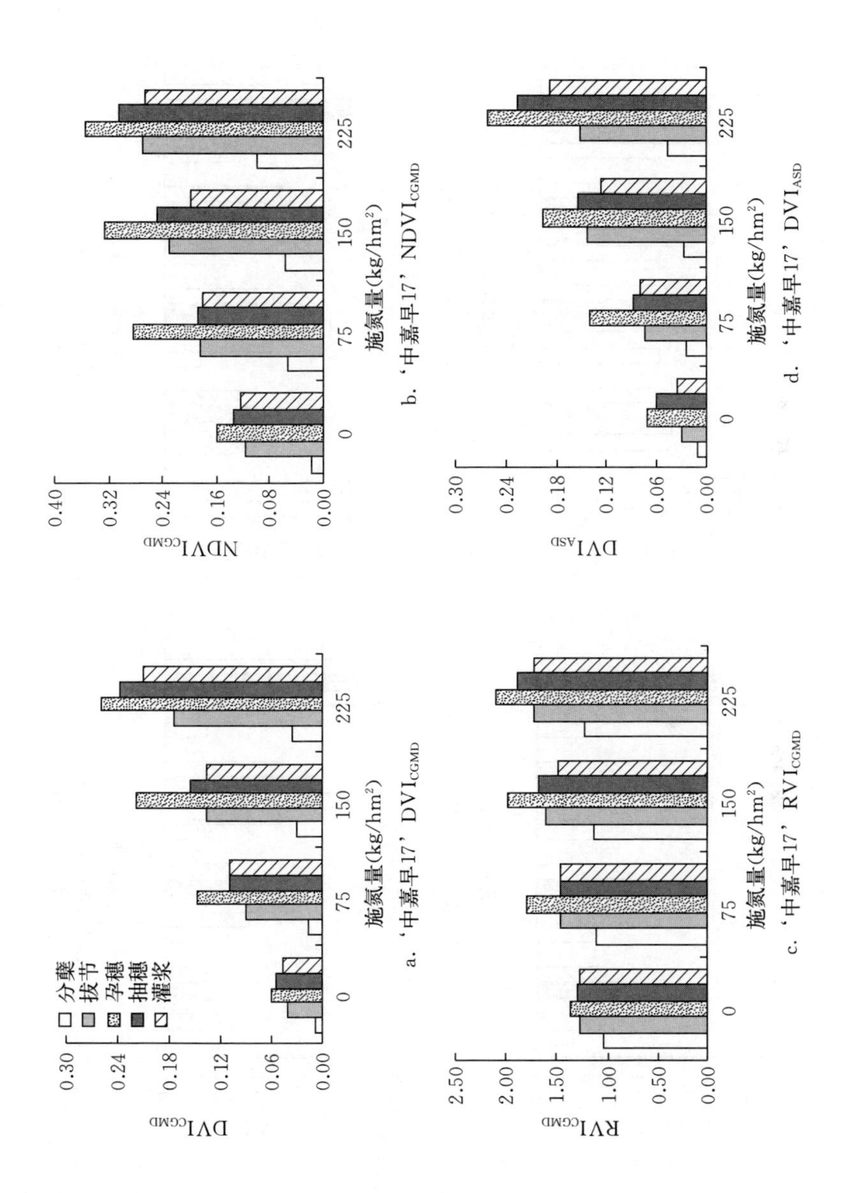

a. ‘中嘉早17’ DVI_{CGMD}

b. ‘中嘉早17’ $NDVI_{CGMD}$

c. ‘中嘉早17’ RVI_{CGMD}

d. ‘中嘉早17’ DVI_{ASD}

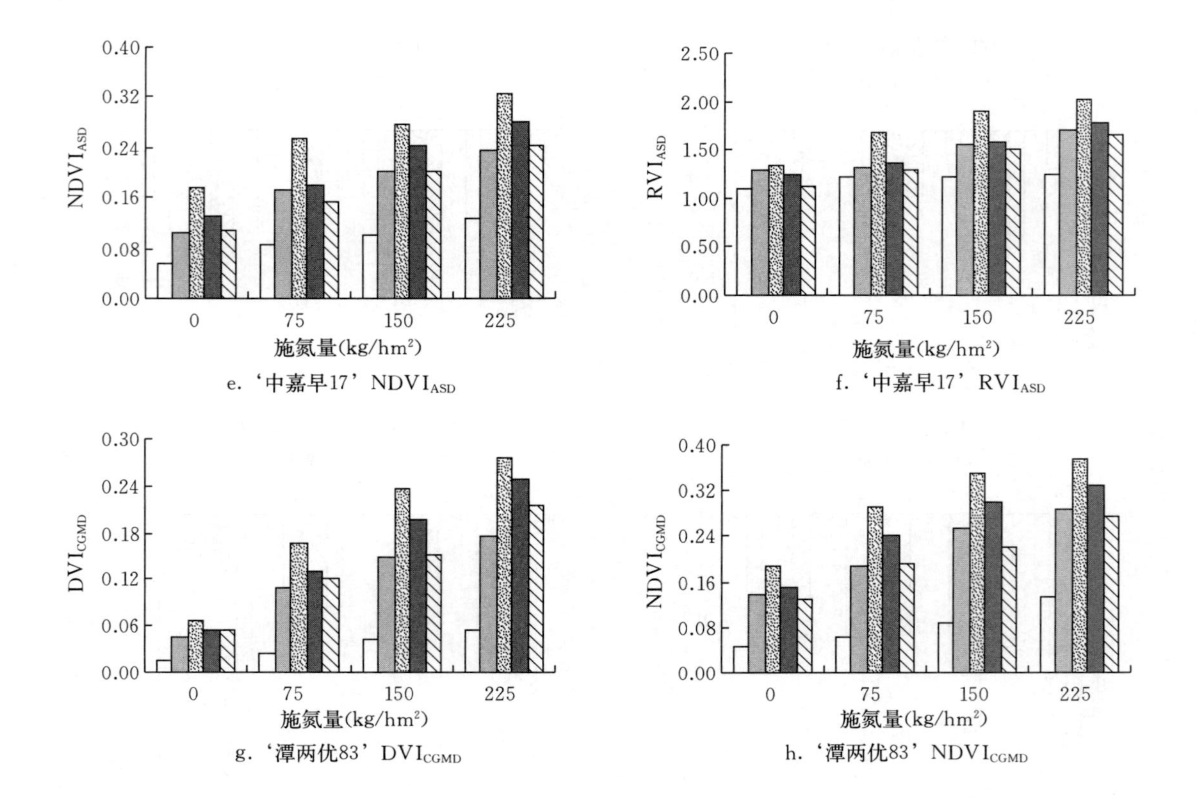

e.‘中嘉早17’ $NDVI_{ASD}$

f.‘中嘉早17’ RVI_{ASD}

g.‘潭两优83’ DVI_{CGMD}

h.‘潭两优83’ $NDVI_{CGMD}$

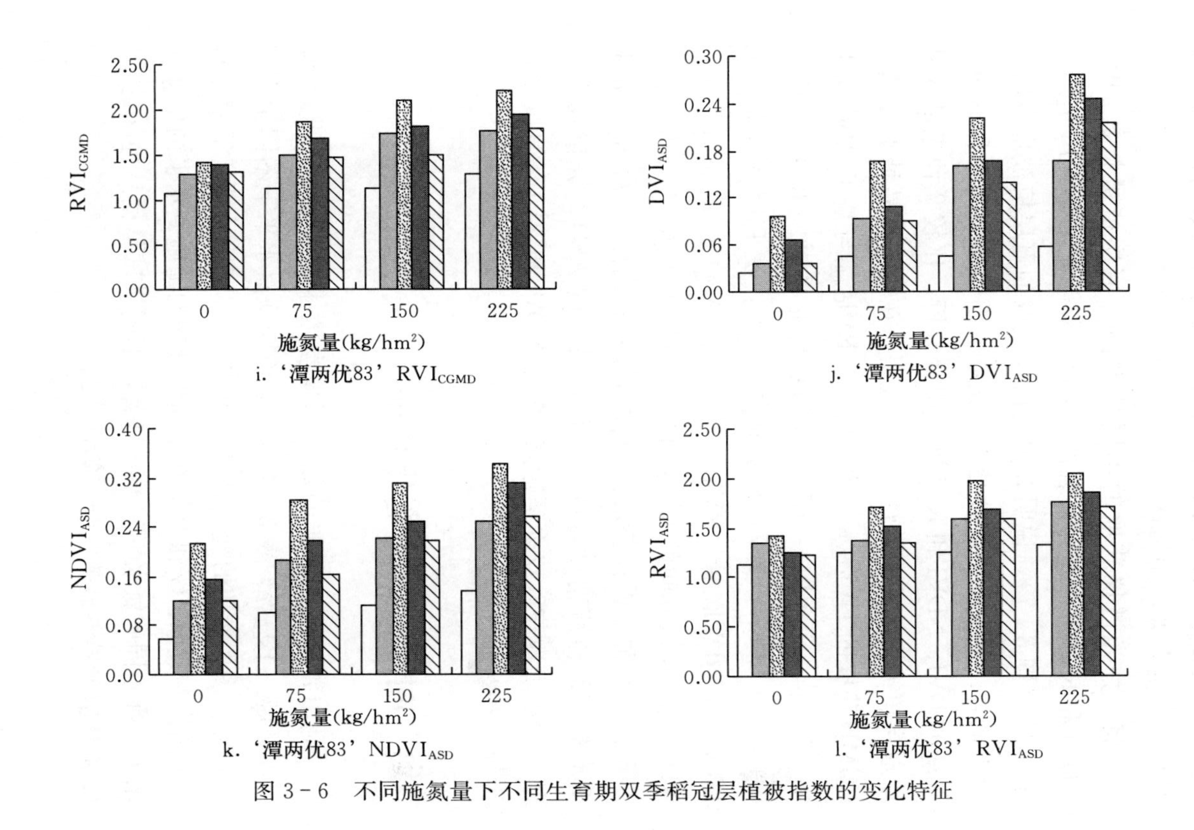

图 3-6　不同施氮量下不同生育期双季稻冠层植被指数的变化特征

谱仪获取的松散型品种不同生育期的冠层植被指数均大于紧凑型品种（李艳大等，2020a）。

将2种光谱仪获取的不同株型品种冠层植被指数DVI、NDVI和RVI进行差异显著性t检验，所得统计概率P_t值均大于0.05（图3-7）。说明2种光谱仪获取的冠层植被指数间差异不显著。进一步将2种光谱仪获取的不同株型品种和不同生育期的DVI、NDVI和RVI进行拟合分析，比较2种光谱仪获取冠层植被指数的一致性。结果表明，在紧凑型品种上，基于CGMD获取的DVI_{CGMD}、$NDVI_{CGMD}$、RVI_{CGMD}与基于ASD获取的DVI_{ASD}、$NDVI_{ASD}$、RVI_{ASD}间的决定系数（R^2）分别为0.959、0.961、0.957；在松散型品种上，基于CGMD获取的DVI_{CGMD}、$NDVI_{CGMD}$、RVI_{CGMD}与基于ASD获取的DVI_{ASD}、$NDVI_{ASD}$、RVI_{ASD}间的R^2分别为0.968、0.966、0.959。进一步验证了2种光谱仪获取的植被指数具有高度一致性，CGMD具有较高的监测精度，可替代价格昂贵的ASD高光谱仪在田间快捷准确地获取双季稻冠层DVI、NDVI和RVI信息（李艳大等，2020a）。

3.3 图像参数的变化特征

利用数码相机获取的数字图像参数主要包括红（R）、绿（G）和蓝（B）等。表3-4展示了不同施氮水平下不同生育期早稻冠层图像参数的变化特征。由表3-4可知，供试早稻品种3个图像参数R、G和B值在不同生育期均随施氮水平的增加而增大，在不同施氮水平间差异显著，不同供试早稻品种间的R、G和B值差异不显著（叶春等，2020）。

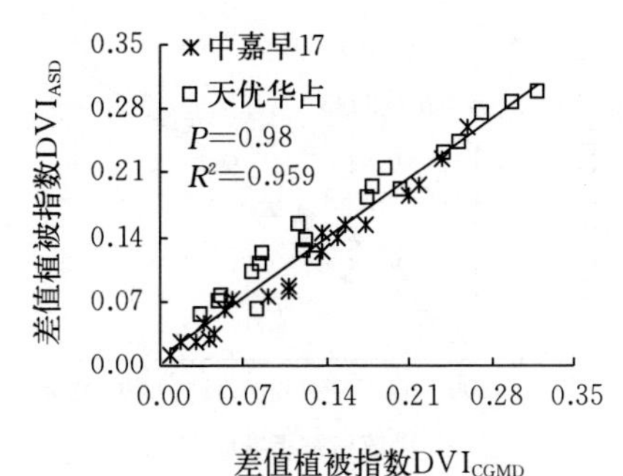

a.紧凑型品种差值植被指数

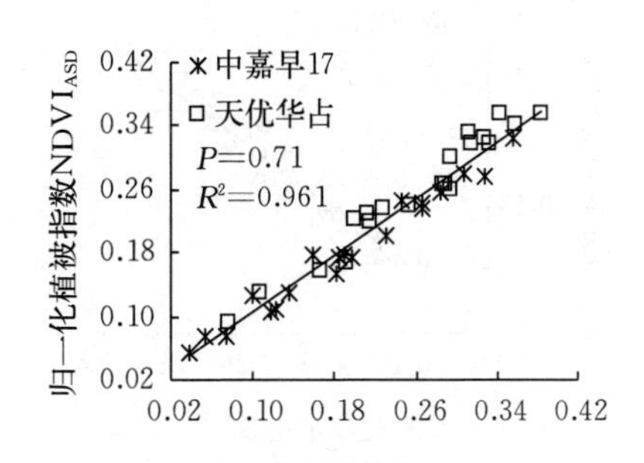

b.紧凑型品种归一化植被指数

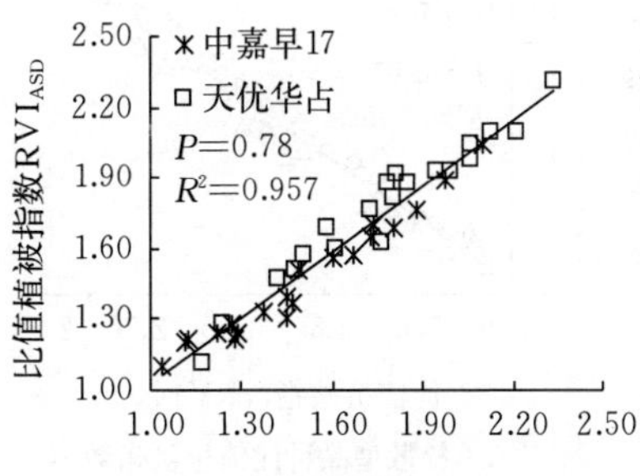

c.紧凑型品种比值植被指数

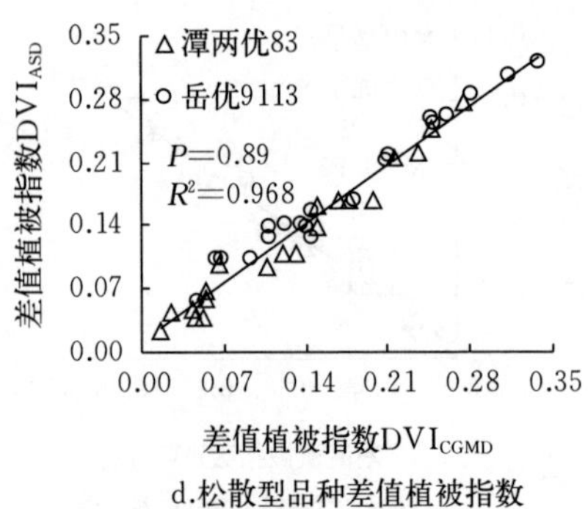

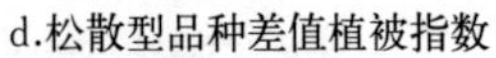
d.松散型品种差值植被指数

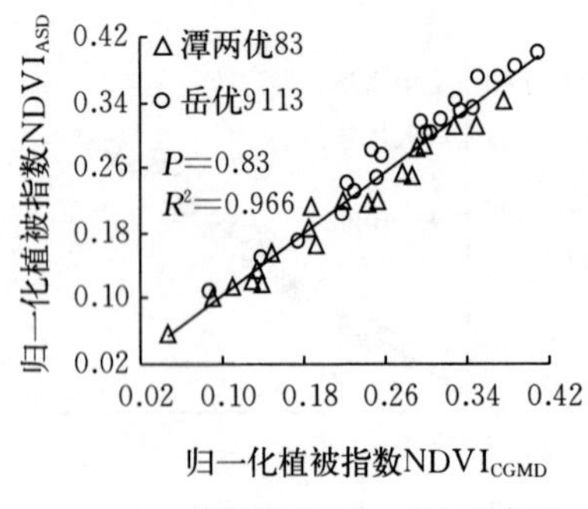

e.松散型品种归一化植被指数

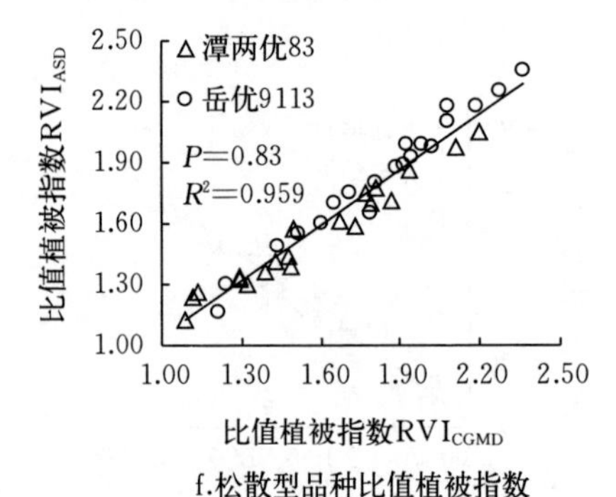

f.松散型品种比值植被指数

图 3－7　CGMD 与 ASD 获取的不同株型品种冠层植被指数间的定量关系

注：P_t 为 t 检验 P 值。

表 3-4　不同施氮水平下不同生育期早稻冠层图像参数的变化特征

品种	施氮水平 (kg/hm^2)	分蘖期			拔节期		
		R	*G*	*B*	*R*	*G*	*B*
中嘉早 17	0	133.09 c	144.22 b	81.08 c	107.52 d	199.15 c	134.32 c
	75	136.17 b	140.90 c	92.97 b	116.19 b	209.80 b	142.16 a
	150	141.92 a	143.67 b	91.28 b	113.44 c	207.62 b	138.55 b
	225	142.25 a	147.10 a	95.66 a	156.13 a	225.77 a	139.44 b
长两优 173	0	130.89 c	135.56 c	91.44 c	112.58 d	201.54 c	117.47 d
	75	132.33 c	135.79 c	91.61 c	119.98 b	211.36 b	131.41 c
	150	137.21 b	137.51 b	95.73 b	117.91 c	211.61 b	134.59 b
	225	142.93 a	139.80 a	100.29 a	126.80 a	218.0 a	146.94 a

注：表中不同字母表示在 0.05 水平上差异显著。

第 4 章　基于光谱的双季稻生长监测

叶面积指数（Leaf area index，LAI）、叶干重（Leaf dry weight，LDW）、分蘖数（Tiller number，TN）等生长指标是表征作物群体质量、冠层光截获能力和建立高光效群体的重要调控指标，直接影响作物冠层光合作用与物质生产（贾彪等，2015）。因此，实时定量监测 LAI、LDW 和 TN 的动态变化对于作物光合生产的精确模拟和丰产高效栽培显得尤为重要。传统的作物生长指标监测需人工破坏取样，结果虽然准确可靠，但费时耗工、时效性差、取样误差大，不能快速获取大范围作物生长指标信息。近年来，基于多光谱和高光谱的遥感技术发展迅速，使得快速、无损、实时和准确地监测作物生长指标或成现实（刘轲等，2016；Zhao et al.，2012），可大幅提高作物长势信息的获取效率。本章主要介绍利用光谱技术构建双季稻 LAI、LDW 和 TN 定量监测模型，实现双季稻生长指标的快速无损监测。

4.1　基于光谱的双季稻叶面积指数监测

4.1.1　双季稻叶面积指数监测模型的建立

双季稻 LAI 和冠层光谱指数之间的相关关系往往受到生态区域、品种株型、生育进程和栽培管理措施等因素的影响。因此，可分别建立不同生育期的双季稻 LAI 监测模型，以提高LAI监测精度。李艳大等（2020a）利用多光谱作物生长监测诊断仪（CGMD）获取紧凑型和松散型双季稻品种的3种光谱植被指数差值植被指数DVI_{CGMD}、归一化植被指数$NDVI_{CGMD}$和比值植被指数RVI_{CGMD}，并利用其与LAI分别进行线性、指数、幂函数、多项式和对数建模。结果表明，DVI_{CGMD}与LAI之间的相关关系可用线性方程进行拟合，建模决定系数（R^2）为0.857～0.903；$NDVI_{CGMD}$与LAI之间的相关关系可用指数方程进行拟合，建模R^2为0.831～0.884；RVI_{CGMD}与LAI之间的相关关系可用幂函数进行拟合，建模R^2为0.830～0.881（表4-1）。综合分析紧凑型和松散型品种双季稻全生育期的数据，发现全生育期DVI_{CGMD}、$NDVI_{CGMD}$、RVI_{CGMD}与LAI之间的相关性较单生育期有所降低，其建模R^2分别为0.853～0.870、0.800～0.838、0.798～0.802。

4.1.2 双季稻叶面积指数监测模型的检验

利用独立试验数据对建立的LAI监测模型进行检验（表4-1）。结果发现，基于不同光谱植被指数、不同生育期和不同株型数据建立的监测模型精度存在一定差异。具体表现为，基于DVI_{CGMD}的监测模型预测效果优于$NDVI_{CGMD}$和RVI_{CGMD}，单生育期LAI监测模型预测效果优于全生育期，松散型品种LAI监测模型预测效果优于紧凑型品种。因此，可采用DVI_{CGMD}构建基于不同生育期的线性模型对双季稻LAI进行监测。与传统人工取样法相比，该方法具有实时、无损、准确等优点，在生产中具有较高的推广应用价值（李艳大等，2020a）。

表 4-1　基于 CGMD 植被指数的不同株型和生育期的双季稻叶面积指数监测模型构建及检验

植被指数	生育期	建模			
		紧凑型		松散型	
		监测模型	R^2	监测模型	R^2
差值植被指数 DVI_{CGMD}	分蘖	$LAI=19.333DVI_{CGMD}+1.966$	0.875	$LAI=20.297DVI_{CGMD}+1.994$	0.902
	拔节	$LAI=15.369DVI_{CGMD}+2.478$	0.859	$LAI=16.599DVI_{CGMD}+2.525$	0.903
	孕穗	$LAI=11.763DVI_{CGMD}+3.600$	0.859	$LAI=14.786DVI_{CGMD}+3.197$	0.876
	抽穗	$LAI=16.215DVI_{CGMD}+2.530$	0.873	$LAI=16.184DVI_{CGMD}+2.406$	0.883
	灌浆	$LAI=16.532DVI_{CGMD}+2.008$	0.857	$LAI=16.475DVI_{CGMD}+2.086$	0.881
	全生育期	$LAI=17.043DVI_{CGMD}+2.298$	0.853	$LAI=17.306DVI_{CGMD}+2.314$	0.870
归一化植被指数 $NDVI_{CGMD}$	分蘖	$LAI=1.696e^{3.282\,NDVI_{CGMD}}$	0.860	$LAI=1.733e^{3.664\,NDVI_{CGMD}}$	0.876
	拔节	$LAI=2.384e^{2.660\,NDVI_{CGMD}}$	0.845	$LAI=2.219e^{2.996\,NDVI_{CGMD}}$	0.884
	孕穗	$LAI=2.995e^{2.296\,NDVI_{CGMD}}$	0.831	$LAI=2.723e^{2.622\,NDVI_{CGMD}}$	0.856
	抽穗	$LAI=2.586e^{2.610\,NDVI_{CGMD}}$	0.837	$LAI=2.805e^{2.267\,NDVI_{CGMD}}$	0.854
	灌浆	$LAI=2.062e^{3.120\,NDVI_{CGMD}}$	0.837	$LAI=1.592e^{4.231\,NDVI_{CGMD}}$	0.848
	全生育期	$LAI=1.928e^{3.534\,NDVI_{CGMD}}$	0.800	$LAI=1.961e^{3.522\,NDVI_{CGMD}}$	0.838
比值植被指数 RVI_{CGMD}	分蘖	$LAI=1.795RVI_{CGMD}^{1.455}$	0.837	$LAI=1.912RVI_{CGMD}^{1.462}$	0.877
	拔节	$LAI=2.847RVI_{CGMD}^{0.707}$	0.848	$LAI=2.546RVI_{CGMD}^{0.800}$	0.881
	孕穗	$LAI=3.455RVI_{CGMD}^{0.559}$	0.830	$LAI=3.443RVI_{CGMD}^{0.570}$	0.837
	抽穗	$LAI=2.805RVI_{CGMD}^{0.932}$	0.869	$LAI=2.911RVI_{CGMD}^{0.871}$	0.876
	灌浆	$LAI=2.071RVI_{CGMD}^{1.437}$	0.849	$LAI=1.849RVI_{CGMD}^{1.690}$	0.858
	全生育期	$LAI=2.310RVI_{CGMD}^{1.091}$	0.798	$LAI=2.422RVI_{CGMD}^{1.009}$	0.802

（续）

植被指数	生育期	验证					
		紧凑型			松散型		
		r	RMSE	RRMSE（%）	r	RMSE	RRMSE（%）
差值植被指数 DVI_{CGMD}	分蘖	0.953	0.22	7.55	0.976	0.18	7.37
	拔节	0.950	0.38	9.40	0.961	0.30	7.42
	孕穗	0.976	0.43	7.60	0.984	0.22	3.95
	抽穗	0.962	0.29	5.61	0.966	0.27	5.38
	灌浆	0.966	0.23	5.16	0.971	0.21	4.70
	全生育期	0.900	0.44	9.68	0.919	0.42	9.17
归一化植被指数 $NDVI_{CGMD}$	分蘖	0.913	0.26	9.16	0.967	0.24	8.41
	拔节	0.906	0.32	7.71	0.944	0.25	6.01
	孕穗	0.926	0.38	6.67	0.952	0.33	5.73
	抽穗	0.922	0.35	6.58	0.954	0.34	6.51
	灌浆	0.920	0.29	6.35	0.946	0.28	6.15
	全生育期	0.897	0.63	13.48	0.902	0.58	12.36
比值植被指数 RVI_{CGMD}	分蘖	0.909	0.28	9.98	0.954	0.25	9.50
	拔节	0.909	0.33	7.78	0.921	0.30	7.62
	孕穗	0.905	0.56	9.85	0.911	0.43	8.40
	抽穗	0.908	0.46	8.82	0.922	0.37	7.37
	灌浆	0.909	0.46	9.99	0.910	0.40	8.48
	全生育期	0.892	0.59	12.88	0.897	0.51	11.68

4.2 基于光谱的双季稻叶干重监测

4.2.1 双季稻叶干重监测模型的建立

李艳大等（2021）利用 CGMD 获取双季稻 3 种光谱植被指数 DVI_{CGMD}、$NDVI_{CGMD}$和 RVI_{CGMD}，并构建 LDW 监测模型。结果表明，3 种光谱植被指数均能较好地监测早、晚稻的 LDW（表 4－2）。其中，基于 $NDVI_{CGMD}$ 构建的指数模型的决定系数（R^2）为 0.823 5～0.893 2；基于 DVI_{CGMD} 构建的线性模型的 R^2 为 0.816 2～0.844 5；基于 RVI_{CGMD} 构建的幂函数模型的 R^2 为 0.860 4～0.921 6。3 种光谱植被指数相比，基于 RVI_{CGMD}的监测模型表现最好，其建模 R^2 值最大。

4.2.2 双季稻叶干重监测模型的检验

利用独立试验数据对构建的 LDW 光谱监测模型进行检验，发现早、晚稻不同生育期的监测模型对叶干重的预测效果好，不同生育期的叶干重观测值和预测值之间具有一致性。基于 RVI_{CGMD}的幂函数模型预测早、晚稻不同生育期叶干重的 RMSE、RRMSE 和 r 分别为 12.97～17.87 g/m^2、4.88%～16.79%和 0.995 1～0.999 2（图 4－1）。因此，可于不同生育期构建基于 RVI_{CGMD}的模型，实现双季稻 LDW 准确监测（李艳大等，2021）。

4.3 基于光谱的双季稻分蘖数监测

4.3.1 监测双季稻分蘖数的最优光谱指数提取

多光谱仪可直接获取光谱指数，而高光谱仪获取的高光谱数据中包含有大量冗余的光谱信息，因此在构建监测模型时需先对

表4-2 基于CGMD植被指数的不同生育期早、晚稻叶干重监测模型

植被指数	生育期	早稻		晚稻	
		监测模型	决定系数 R^2	监测模型	决定系数 R^2
$NDVI_{CGMD}$	分蘖期	$LNC=1.6996\times e^{1.71\times NDVI_{CGMD}}$	0.8304	$LNC=1.8047\times e^{2.1278\times NDVI_{CGMD}}$	0.8932
	拔节期	$LNC=1.7988\times e^{1.8426\times NDVI_{CGMD}}$	0.8413	$LNC=1.568\times e^{2.1101\times NDVI_{CGMD}}$	0.8451
	孕穗期	$LNC=1.6509\times e^{2.3075\times NDVI_{CGMD}}$	0.8291	$LNC=1.8525\times e^{1.74\times NDVI_{CGMD}}$	0.8782
	抽穗期	$LNC=1.5614\times e^{2.658\times NDVI_{CGMD}}$	0.8235	$LNC=1.9493\times e^{1.3175\times NDVI_{CGMD}}$	0.8775
	灌浆期	$LNC=1.4391\times e^{2.6802\times NDVI_{CGMD}}$	0.8465	$LDW=61.509\times e^{5.0302\times NDVI_{CGMD}}$	0.8303
DVI_{CGMD}	分蘖期	$LDW=1512.8\times DVI_{CGMD}+38.511$	0.8312	$LDW=785.22\times DVI_{CGMD}+61.521$	0.8197
	拔节期	$LDW=867.63\times DVI_{CGMD}+54.73$	0.8178	$LDW=912.36\times DVI_{CGMD}+91.027$	0.8162
	孕穗期	$LDW=712.08\times DVI_{CGMD}+94.664$	0.8267	$LDW=717.89\times DVI_{CGMD}+114.75$	0.8379
	抽穗期	$LDW=546.71\times DVI_{CGMD}+74.901$	0.8190	$LDW=755.2\times DVI_{CGMD}+92.275$	0.8230
	灌浆期	$LDW=956.46\times DVI_{CGMD}+37.73$	0.8445	$LDW=770.92\times DVI_{CGMD}+77.178$	0.8244
RVI_{CGMD}	分蘖期	$LDW=39.217\times RVI_{CGMD}^{1.9585}$	0.8697	$LDW=50.006\times RVI_{CGMD}^{2.1792}$	0.9216
	拔节期	$LDW=52.865\times RVI_{CGMD}^{1.885}$	0.8892	$LDW=64.51\times RVI_{CGMD}^{2.3807}$	0.9045
	孕穗期	$LDW=70.446\times RVI_{CGMD}^{1.4743}$	0.8758	$LDW=66.149\times RVI_{CGMD}^{2.2845}$	0.9118
	抽穗期	$LDW=51.792\times RVI_{CGMD}^{1.6805}$	0.8604	$LDW=59.7\times RVI_{CGMD}^{2.3213}$	0.8851
	灌浆期	$LDW=41.993\times RVI_{CGMD}^{2.4764}$	0.8793	$LDW=56.741\times RVI_{CGMD}^{2.6011}$	0.8854

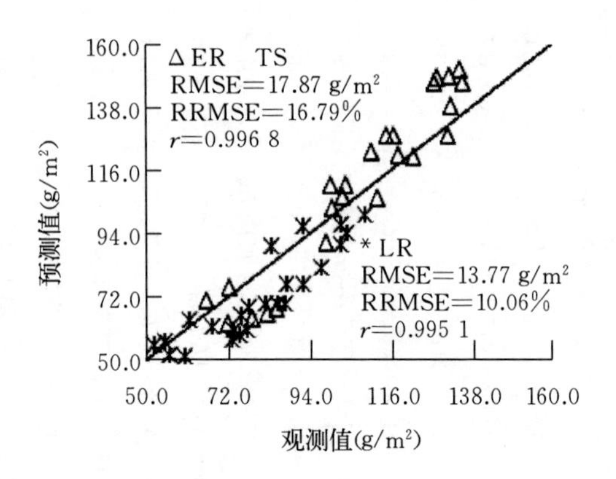
ΔER TS
RMSE=17.87 g/m²
RRMSE=16.79%
r=0.996 8
*LR
RMSE=13.77 g/m²
RRMSE=10.06%
r=0.995 1
预测值(g/m²)
观测值(g/m²)
160.0
138.0
116.0
94.0
72.0
50.0

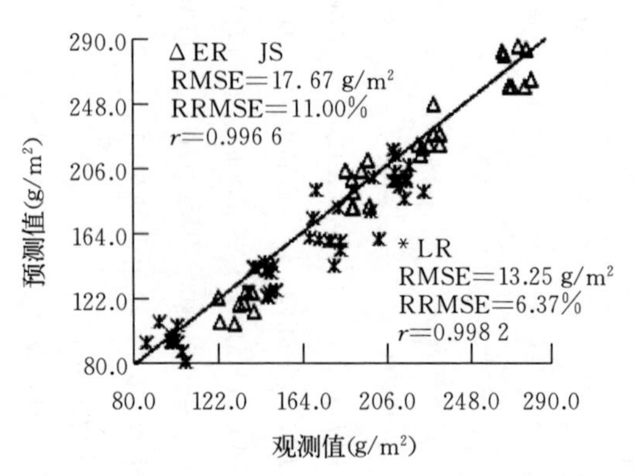
ΔER JS
RMSE=17. 67 g/m²
RRMSE=11.00%
r=0.996 6
*LR
RMSE=13.25 g/m²
RRMSE=6.37%
r=0.998 2
预测值(g/m²)
观测值(g/m²)
290.0
248.0
206.0
164.0
122.0
80.0

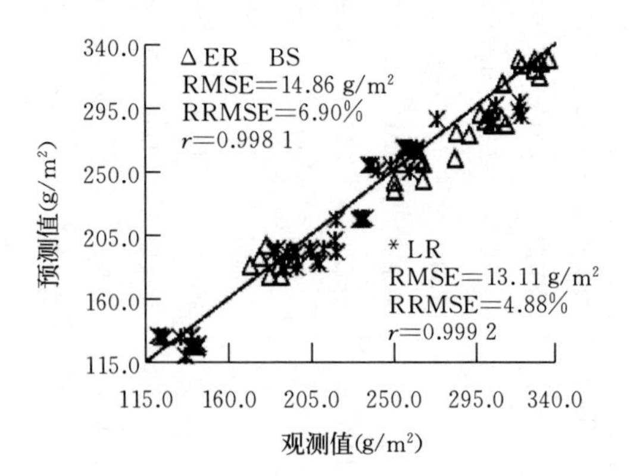
ΔER BS
RMSE=14.86 g/m²
RRMSE=6.90%
r=0.998 1
*LR
RMSE=13.11 g/m²
RRMSE=4.88%
r=0.999 2
预测值(g/m²)
观测值(g/m²)
340.0
295.0
250.0
205.0
160.0
115.0

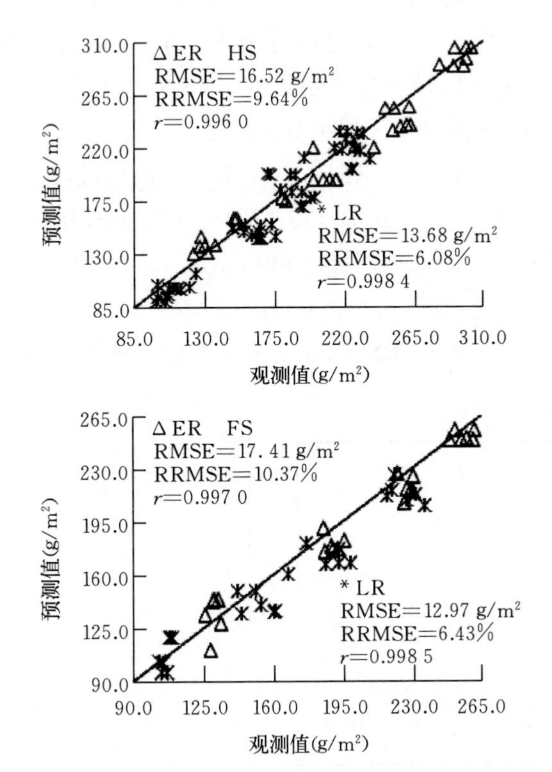

图 4-1　基于 RVI_{CGMD} 的早、晚稻叶干重观测值与预测值的比较

ER：早稻；LR：晚稻；TS：分蘖期；JS：拔节期；BS：孕穗期；HS：抽穗期；FS：灌浆期。

有效光谱信息进行提取，然后基于提取的有效光谱信息建立光谱监测模型。利用高光谱数据中的波段进行两两组合，通过分析不同波段组合与监测目标之间的相关性，提取有效光谱波段构建光谱指数是提取高光谱数据有效信息的一种常用手段。

图 4-2 展示了利用 325～1 075 nm 波段范围内任意波段进行两两组合构建归一化光谱指数（Normalized difference spectral index，NDSI）和比值光谱指数（Ratio spectral index，RSI），

然后将其与早、晚稻分蘖数（TN）进行线性拟合的决定系数（R^2）分布。图 4－2 中着色部分为 R^2 前 2%的波段组合区域，即有效波段组合区域，主要由近红外和红边波段组合而成，其中，早稻 NDSI 的有效波段组合区域为：（λ（x）：835～1 075 nm，λ（y）：700～735 nm）（图 4－2a），RSI 的有效波段组合区域为：（ⅰ）（λ（x）：700～735 nm，λ（y）：830～1 075 nm）和（ⅱ）（λ（x）：830～1 075 nm，λ（y）：700～740 nm）（图 4－2b）；晚稻 NDSI 的有效波段组合区域为：（λ（x）：745～910 nm，λ（y）：720～765 nm）（图 4－2c），RSI 的有效波段组合区域为：（ⅰ）（λ（x）：

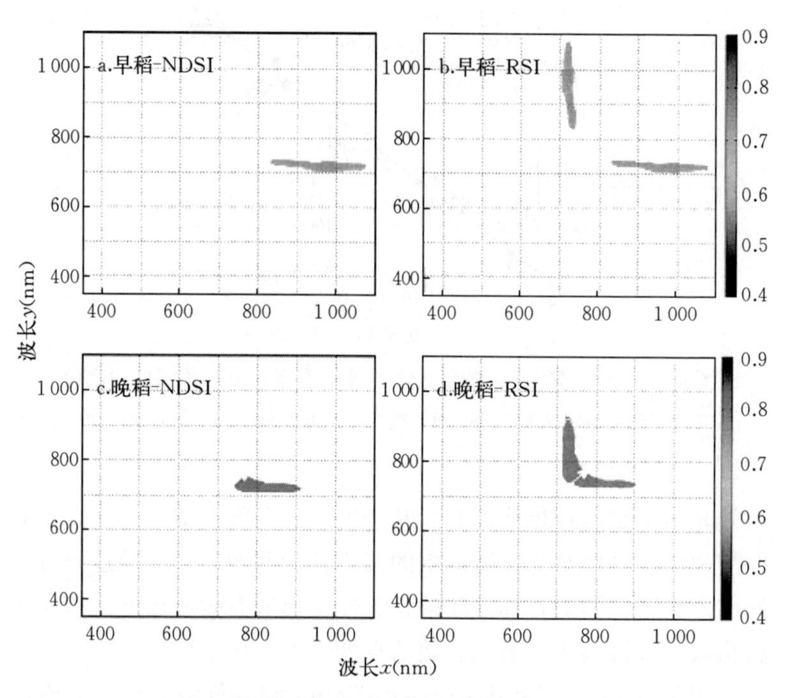

图 4－2　归一化光谱指数和比值光谱指数两波段组合（λ（x）和 λ（y））与分蘖数的线性回归关系决定系数等势图

715～760 nm，λ（y）：740～920 nm）和（ⅱ）（λ（x）：745～900 nm，λ（y）：725～765 nm）（图4-2 d）。

进一步确定各个有效波段组合区域内与早、晚稻TN相关性最高的波段组合构建新型光谱指数。结果发现，与早稻TN相关性最高的波段组合为（λ_{975} & λ_{714}），利用其构建的新型光谱指数NDSI（ρ975，ρ714）与早稻TN之间线性回归方程的R^2为0.724；与晚稻TN相关性最高的波段组合为（λ_{788} & λ_{738}），利用其构建的新型光谱指数RSI（ρ788，ρ738）与晚稻TN之间线性回归方程的R^2为0.792（表4-3）。因此，上述两个光谱指数为监测早、晚稻TN的最优光谱指数。

表4-3 基于光谱指数法构建的最优光谱指数

作物	光谱指数	波段1 λ1（nm）	波段2 λ2（nm）	决定系数 R^2	估算模型
早稻	NDSI（ρ975，ρ714）	975（NIR）	714（红边）	0.724	$y=9.757x+6.733$
	RSI（ρ971，ρ718）	971（NIR）	718（红边）	0.718	$y=3.110x+4.281$
	RSI（ρ720，ρ980）	720（红边）	985（NIR）	0.721	$y=-7.556x+14.552$
晚稻	NDSI（ρ800，ρ738）	800（NIR）	738（红边）	0.781	$y=34.142x+8.474$
	RSI（ρ736，ρ798）	736（红边）	798（NIR）	0.768	$y=-20.662x+28.562$
	RSI（ρ788，ρ738）	788（NIR）	738（红边）	0.792	$y=12.321x-3.657$

注：x为光谱指数，y为分蘖数。

4.3.2 监测双季稻分蘖数的最优小波特征提取

利用连续小波变换提取对目标敏感的小波特征是有效光谱信息提取的一种常用手段。曹中盛等（2020）基于早、晚稻反射光谱，经连续小波变换后提取了对分蘖数敏感的有效小波特征（图中R^2前2%的着色部分）（图4-3）。早稻光谱经db7母小波函数变换后，有效小波特征主要集中在可见光和红边区域，有效区

域内 R^2 最高的小波特征为 db7（$s9$，$w395$）和 db7（$s9$，$w735$）（图 4－3a）；经 mexh 母小波函数变换后，有效区域主要集中在红光到近红外之间区域，有效区域内 R^2 最高的小波特征为 mexh（$s6$，$w714$）和 mexh（$s7$，$w709$）（图 4－3b）。晚稻反射光谱经 db7 母小波函数变换后，有效小波特征在可见光、红边和近红外区域均有分布，有效区域内 R^2 最高的小波特征为 db7（$s6$，$w844$）、db7（$s7$，$w693$）和 db7（$s8$，$w720$）（图 4－3c）；经 mexh 母小波函数变换后，有效区域主要集中在红边和近红外区域，有效区域内 R^2 最高的小波特征为 mexh（$s4$，$w794$）、mexh（$s5$，$w706$）和 mexh（$s6$，$w714$）（图 4－3 d）。综合比较每个有效区域内 R^2 最高的小波特征，发现 db7（$s9$，$w735$）和 mexh（$s7$，$w709$）与早稻分蘖数的相关性最高，其 R^2 分别为 0.754 和 0.757；db7（$s8$，$w720$）和 mexh（$s6$，$w714$）与晚稻分蘖数的相关性最高，其 R^2 分别为 0.836 和 0.837（表 4－4）。因此，可用上述 4 个小波特征构建双季稻分蘖数监测模型。

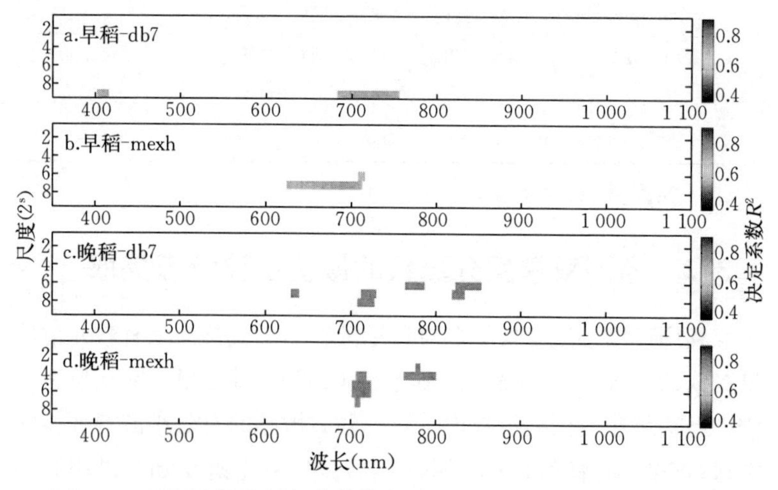

图 4－3　不同小波特征与分蘖数之间线性回归方程决定系数等势图

表 4-4　敏感小波特征与分蘖数之间的相关关系

作物	小波特征	尺度 s (2^s)	波长 w (nm)	决定系数 R^2	估算模型
早稻	db7 ($s9$，$w395$)	9	395 (VIS)	0.743	$y=-5.491x+6.902$
	db7 ($s9$，$w735$)	9	735 (NIR)	0.754	$y=3.632x+7.318$
	mexh ($s6$，$w714$)	6	714 (red edge)	0.738	$y=2.856x+6.835$
	mexh ($s7$，$w709$)	7	709 (red edge)	0.757	$y=9.762x+6.725$
晚稻	db7 ($s6$，$w844$)	6	844 (NIR)	0.812	$y=33.646x+11.035$
	db7 ($s7$，$w693$)	7	693 (VIS)	0.807	$y=-16.221x+11.736$
	db7 ($s8$，$w720$)	8	720 (red edge)	0.836	$y=11.967x+7.468$
	mexh ($s4$，$w794$)	4	794 (NIR)	0.812	$y=89.253x+9.194$
	mexh ($s5$，$w706$)	5	706 (red edge)	0.807	$y=-8.937x+9.341$
	mexh ($s6$，$w714$)	6	714 (red edge)	0.837	$y=-15.351x+8.173$

注：x 为小波特征，y 为分蘖数。

4.3.3　双季稻分蘖数监测的精准度评估

图 4-4 展示了利用独立数据检验最优光谱指数和小波特征监测双季稻分蘖数的效果。在检验过程中，利用前人提取的与分蘖相关性较高的光谱特征参数进行比较。结果显示，监测早稻 TN 时，归一化红边指数（Normalized difference red edge index，NDRE）的相对均方根误差（RRMSE）为 0.150；红边面积（SD_r）的 RRMSE 为 0.153；光谱指数 NDSI（$\rho975$，$\rho714$）的 RRMSE 为 0.151；小波特征 db7（$s9$，$w735$）的 RRMSE 为 0.128。监测晚稻 TN 时，NDRE 的 RRMSE 为 0.181；红边振幅（D_r）的 RRMSE 为 0.212；光谱指数 RSI（$\rho788$，$\rho738$）的 RRMSE 为 0.142；小波特征 mexh（$s6$，$w714$）的 RRMSE 为 0.112。可知，新型光谱指数和小波特征在监测双季稻分蘖数时，精度较传统光谱参数均明显提高。

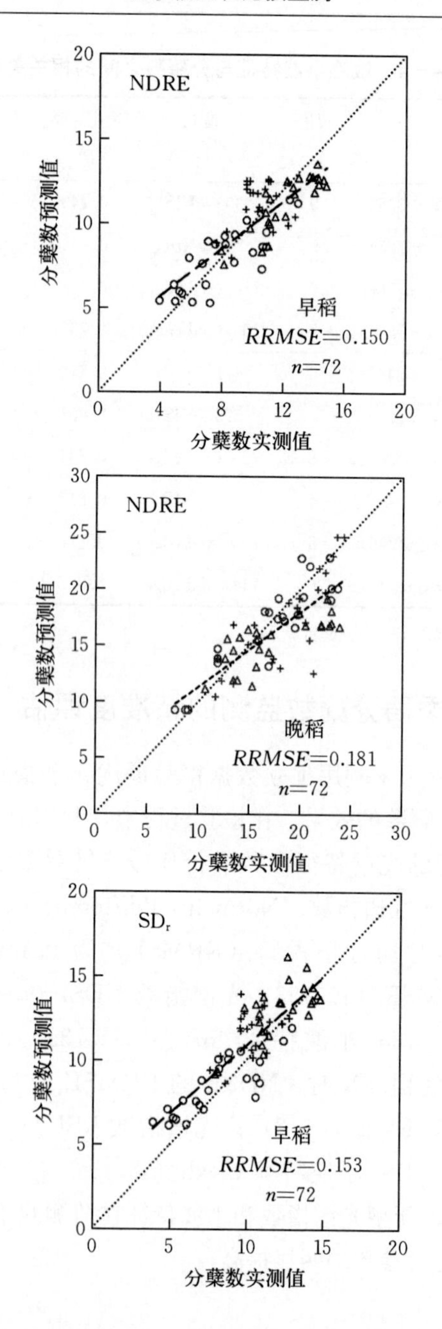
NDRE
早稻
RRMSE=0.150
n=72
分蘖数预测值
分蘖数实测值
NDRE
晚稻
RRMSE=0.181
n=72
分蘖数预测值
分蘖数实测值
SDr
早稻
RRMSE=0.153
n=72
分蘖数预测值
分蘖数实测值

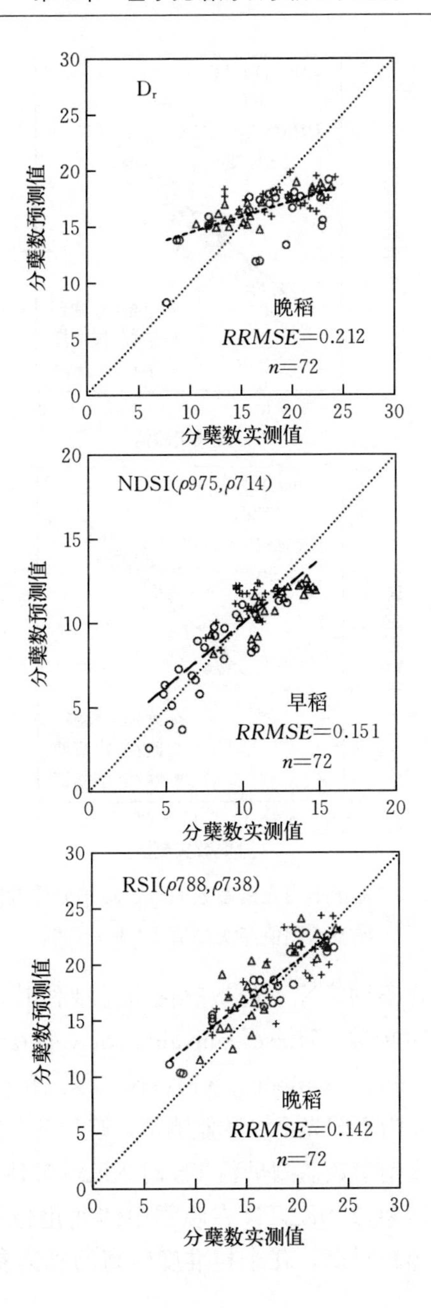
Dr
晚稻
RRMSE=0.212
n=72
分蘖数预测值
分蘖数实测值
NDSI(ρ975,ρ714)
早稻
RRMSE=0.151
n=72
分蘖数预测值
分蘖数实测值
RSI(ρ788,ρ738)
晚稻
RRMSE=0.142
n=72
分蘖数预测值
分蘖数实测值

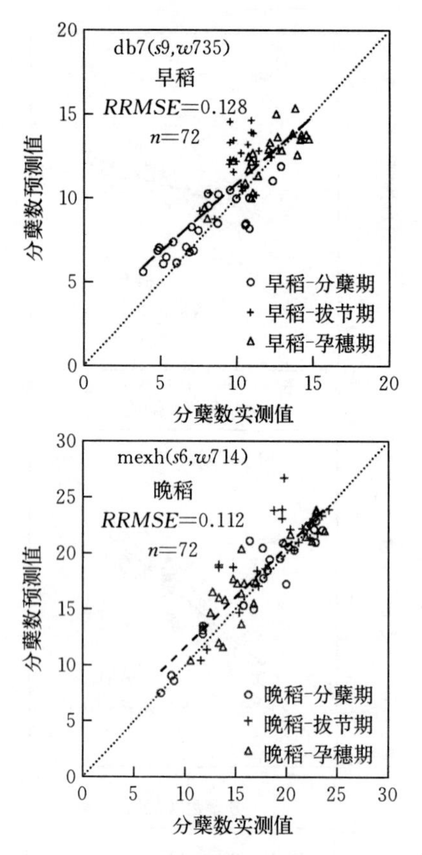

图 4-4　基于不同光谱参数的早、晚稻分蘖数监测模型预测值与实测值 1∶1 关系图

光谱参数在不同 TN 下的敏感性也是评估其优劣的重要指标，主要用噪声指数（Noise equivalent of vegetation index under different tiller number，NEΔTN）来评价（Gitelson，2013）。图 4-5 为不同光谱参数监测早、晚稻 TN 时 NEΔTN 值的变化。不同光谱参数监测早稻 TN 时 NEΔTN 值相对较低且差异不明显。光谱参数 NEΔTN 在晚稻中的变化趋势较在早稻中的变化趋势差异较显著，几个精准度较高的光谱参数中，D_r 的

NEΔTN 值较其他光谱参数高，监测晚稻 TN 时易出现饱和现象。而 NDRE、RSI（ρ788，ρ738）、db7（s8，w720）和 mexh（s6，w714）的 NEΔTN 值较低。NEΔTN 的大小可表示光谱参数缓解饱和的能力，由图 4－5 可知，最优光谱指数和小波特征在监测早、晚稻分蘖数时具有较强的敏感性，其中，以敏感小波特征 db7（s9，w735）和 mexh（s6，w714）表现最优。可利用其构建监测模型 $TN_{early}=3.632\times$ db7（s9，w735）$+7.318$ 和 $TN_{late}=-15.351\times$ mexh（s6，w714）$+8.173$，实现双季稻分蘖数的无损快速监测。

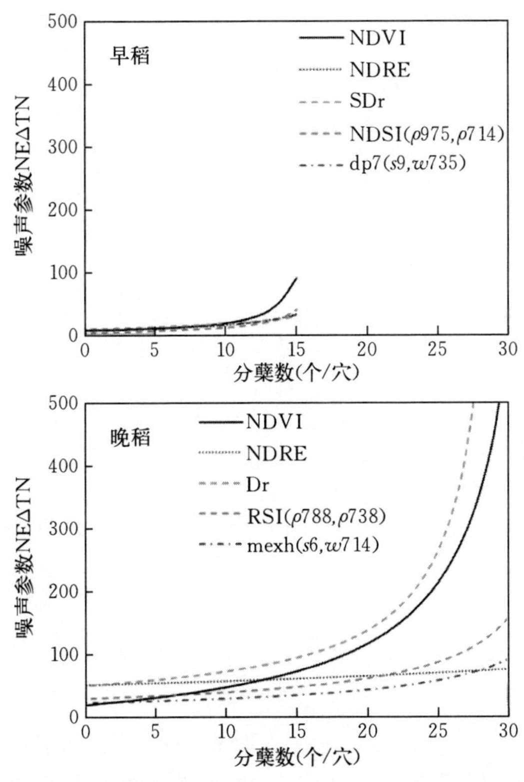

图 4－5　不同光谱参数噪声参数（NEΔTN）随分蘖数（TN）的变化

综上所述，采用多光谱和高光谱仪均可实现对双季稻生长指标的监测。但利用两种仪器进行监测时，由于获取到的数据存在差异，因而构建模型所采用的监测指标存在差别。多光谱仪获取光谱波段数量有限，仅能构建简单的植被指数来监测双季稻生长指标，而高光谱仪可获取高光谱数据，不仅能提取有效波段构建植被指数，亦可进行小波变换等复杂计算以提高监测精度。

第5章　基于无人机遥感的双季稻生长监测

无人机遥感是农业遥感中最常用的技术手段之一，具有机动灵活、作业周期短、空间分辨率高、作业成本与损耗风险低、受地形与天气条件影响小等优点，能有效克服手持便携式监测仪获取作物生长信息效率低、费时耗工，以及卫星遥感重访周期长、影像分辨率粗糙、混合像元易受气象条件影响等不足，在获取田块和园区尺度作物生长信息上具有较大的应用价值（刘杨等，2021；宋勇等，2021）。数码相机是无人机遥感中使用最多的传感器之一，与高光谱相机和多光谱相机相比，数码相机具有数据获取成本低、操作难度小、影像空间分辨率高等优点（江杰等，2019）。近年来，基于无人机数码影像的遥感技术发展迅速，广泛应用于大范围作物生长信息的快速无损获取（高林等，2016；陈鹏飞等，2019），大幅提高了作物生长信息的获取效率和精度。本章主要介绍基于无人机（大疆御 Mavic Pro 型）数码影像的双季稻叶面积指数监测、生物量、氮素营养监测及产量预测，实现双季稻生长信息的快速无损获取和精确栽培管理。

5.1 基于无人机数码影像的双季稻叶面积指数监测

5.1.1 叶面积指数与颜色指数和纹理特征之间的相关关系

表5-1展示了叶面积指数（LAI）与颜色指数和纹理特征之间的相关关系。由表5-1可知，三个通道中，红光通道与LAI的相关性最高，可以此通道的像元值（Digital number，DN）计算纹理特征。9个颜色指数相比，超红植被指数（Excess red vegetation index，ExR）表现最好，其在分蘖期、拔节期、孕穗期、抽穗期与LAI均表现出显著相关。8个纹理特征中，方差（Variance，VAR）、对比度（Contrast，CON）和异质性（Dissimilarity，DIS）表现优于其他5个纹理特征。进一步对上述4个颜色指数和纹理特征与LAI之间的相关性随生育进程的变化进行分析，发现颜色指数和纹理特征与LAI之间的相关性随生育进程而下降，如VAR在分蘖期至灌浆期与LAI的相关系数分别为0.768、0.759、0.628、0.483和−0.096，生育前期（即分蘖期+拔节期）和生育后期（即孕穗期+抽穗期+灌浆期）与LAI之间的相关系数分别为0.910和0.400，而在全生育期相关系数则为0.513。这表明在水稻生育前期（分蘖期+拔节期）颜色指数和纹理特征与水稻LAI之间的相关性高于生育后期和全生育期，因此可以建立监测模型实现LAI快速监测。

表 5-1　叶面积指数与颜色指数和纹理特征之间的相关关系

类型	参数名称	相关系数							
		分蘖期	拔节期	孕穗期	抽穗期	灌浆期	生育前期	生育后期	全生育期
颜色指数	红光 R	−0.476**	−0.642**	−0.429**	−0.277	0.009	0.050	−0.372**	0.098
	绿光 G	−0.327	−0.478*	−0.263	−0.160	−0.043	0.074	−0.340**	−0.021
	蓝光 B	−0.327	−0.472*	−0.083	0.116	−0.104	0.248	−0.035	0.159
	归一化绿减红差值指数 NGRDI	−0.072	0.221	−0.108	0.002	−0.066	0.145	0.117	−0.292**
	超绿植被指数 ExG	0.182	0.392	−0.057	−0.247	−0.006	−0.316*	−0.338**	−0.396**
	超红植被指数 ExR	−0.736**	−0.712**	−0.609**	−0.402**	0.109	0.004	−0.380**	−0.301**
	超绿超红差分植被指数 ExGR	−0.176	0.154	−0.252	−0.116	0.042	−0.146	−0.222	0.172
	可见光大气阻抗植被指数 VARI	0.258	0.586**	−0.292	−0.038	0.076	**0.808****	0.247*	0.211**
	绿叶植被指数 GLI	0.366	0.080	0.080	0.121	0.076	−0.336*	0.116	−0.346**
纹理特征	均值 MEA	−0.644**	−0.377	−0.463*	**−0.582****	0.088	0.018	−0.349**	0.124
	方差 VAR	0.768**	0.759**	0.628**	0.483**	−0.096	0.910**	0.400**	0.513**
	均一性 HOM	−0.735**	−0.448*	−0.478**	−0.481**	0.047	0.786**	−0.348**	**−0.670****
	对比度 CON	0.772**	0.735**	0.607**	0.513**	−0.067	0.907**	0.395**	0.509**
	异质性 DIS	0.777**	0.723**	0.582**	0.521**	−0.063	0.894**	0.389**	0.607**
	熵 ENT	0.545**	−0.047**	0.321	0.114**	−0.037	0.597**	0.161	0.506**
	角二阶矩 SEC	−0.466*	0.156	−0.259	−0.006**	0.064	−0.484**	−0.036	−0.506**
	相关性 COR	0.528**	0.669**	0.298	−0.376	−0.054	0.213	0.061	0.455**

注：表中加粗数据代表不同生育期颜色指数或纹理参数与水稻叶面积指数之间的最大相关性。* 代表 $P=0.05$ 显著水平，** 代表 $P=0.01$ 显著水平。

5.1.2 基于颜色指数和纹理特征的叶面积指数监测模型建立

将分蘖期、拔节期和生育前期（分蘖期+拔节期）的颜色指数 ExR 和纹理特征 VAR、CON、DIS 分别与 LAI 进行线性和指数函数拟合。由表 5-2 可知，不同生育期的颜色指数和纹理特征与 LAI 的最佳拟合方程均为指数函数。利用颜色指数 ExR 构建的分蘖期和拔节期 LAI 监测模型的决定系统（R^2）分别为 0.516 9 和 0.471 2，生育前期监测模型 R^2 为 0.000 3；进一步分析所构建的监测模型，发现基于 ExR 构建的监测模型在两个生育时期表现存在较大差异，监测模型在生育前期的通用较差（图 5-1a）。利用纹理特征（VAR、CON 和 DIS）构建的分蘖期和拔节期 LAI 监测模型的 R^2 分别为 0.551 1～0.584 8、0.509 9～0.548 1，生育前期 LAI 监测模型的 R^2 为 0.794 4～0.806 4，监测模型在生育前期的通用性较颜色指数 ExR 明显增强（图 5-1b、图 5-1c、图 5-1d）。

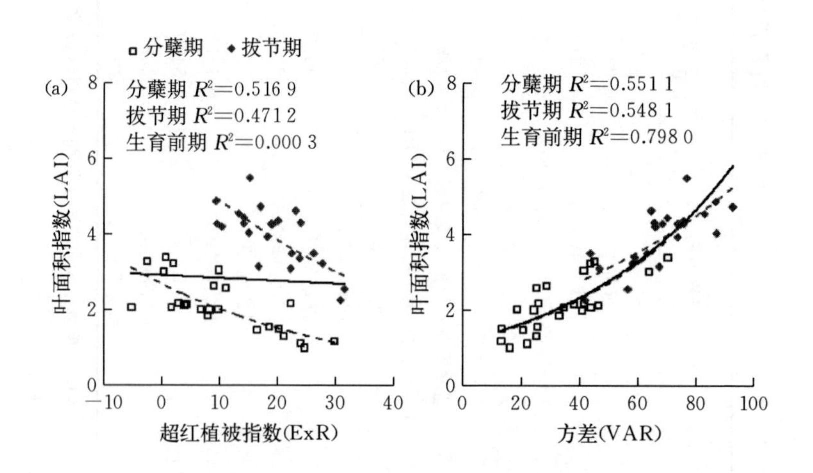

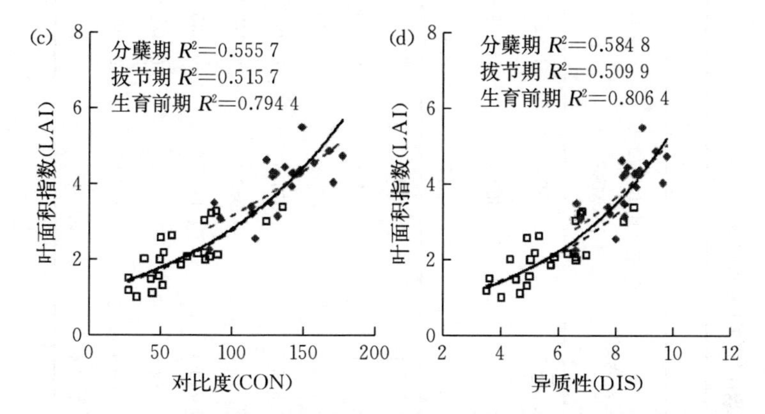

图 5-1　基于颜色指数和纹理特征的水稻叶面积指数监测模型

5.1.3　基于颜色指数和纹理特征的叶面积指数监测模型检验

利用独立试验数据对建立的水稻 LAI 监测模型进行检验，采用相对均方根误差（RRMSE）表示模型精度，用偏差（Bias）正负值表示模型高估或低估。结果表明（表 5-2），基于超红植被指数（ExR）构建的 LAI 监测模型在分蘖期、拔节期、生育前期的 RRMSE 分别为 0.539 4、0.309 9、0.248 7，Bias 分别为 1.828 8、0.963 2、0.840 6，误差较大且存在明显高估现象；基于方差（VAR）纹理特征构建的监测模型在分蘖期、拔节期、生育前期的 RRMSE 分别为 0.160 7、0.199 8、0.165 8，Bias 分别为 0.147 6、0.350 5、0.130 6；基于对比度（CON）纹理特征构建的监测模型在分蘖期、拔节期、生育前期的 RRMSE 分别为 0.557 6、0.243 3、0.440 7，Bias 分别为 0.982 4、0.277 6、0.535 2；基于异质性（DIS）纹理特征构建的监测模型在分蘖期、拔节期、生育前期的 RRMSE 分别为 0.361 4、0.237 1、0.378 1，Bias 分别为 0.621 1、0.193 6、0.444 6。综合比较上述

表 5-2 基于颜色指数和纹理特征的水稻叶面积指数监测模型构建和验证

类型	参数名称	生育期	建模		检验	
			监测模型	决定系数 R^2	相对均方根误差 RRMSE	偏差 Bias
颜色指数	超红植被指数 ExR	分蘖期	$y=5.9395e^{-0.015x}$	0.516 9	0.539 4	1.828 8
		拔节期	$y=6.8568e^{-0.013x}$	0.471 2	0.309 9	0.963 2
		生育前期	$y=6.0103e^{-0.01x}$	0.000 3	0.248 7	0.840 6
纹理特征	方差 VAR	分蘖期	$y=1.1333e^{0.0175x}$	0.551 1	0.160 7	0.147 6
		拔节期	$y=1.7101e^{0.0121x}$	0.548 1	0.199 8	0.350 5
		生育前期	$y=1.1656e^{0.0174x}$	0.798 0	0.165 8	0.130 6
	对比度 CON	分蘖期	$y=1.1001e^{0.0093x}$	0.555 7	0.557 6	0.982 4
		拔节期	$y=1.6875e^{0.0063x}$	0.515 7	0.243 3	0.277 6
		生育前期	$y=1.1375e^{0.0091x}$	0.794 4	0.440 7	0.535 2
	异质性 DIS	分蘖期	$y=0.6599e^{0.1963x}$	0.584 8	0.361 4	0.621 1
		拔节期	$y=0.8549e^{0.1812x}$	0.509 9	0.237 1	0.193 6
		生育前期	$y=0.5791e^{0.2242x}$	0.806 4	0.378 1	0.444 6

4个颜色指数和纹理特征的表现，发现基于方差（VAR）纹理特征构建的监测模型表现较优，特别是利用其建立生育期前期（分蘖期＋拔节期）通用LAI监测模型时，精度和稳定性均明显高于其他颜色指数和纹理特征。

5.2　基于无人机数码影像的双季稻生物量监测

5.2.1　生物量与颜色指数之间的相关关系

生物量（Biomass）是作物生产管理中调控群体质量的重要指标，对光能利用、物质生产及产量形成具有重要作用（Zhu et al.，2019）。因此，快速、准确的监测生物量有利于实现作物生产的精确管理。由表5－3可知，不同颜色指数与生物量之间的相关性差异显著。其中，红蓝差值与生物量之间的相关性最高，其在分蘖期、孕穗期、齐穗期和全生育期的相关系数分别为－0.899、－0.914、－0.887和－0.890。与生物量相关性较高的颜色指数还有绿光、红光标准化值、可见光大气阻抗植被指数、红蓝比值和红光等颜色指数。不同生育期相比，生物量与颜色指数的相关性在孕穗期表现最好，如红光标准化值分蘖期、孕穗期、齐穗期和全生育期的相关系数分别为－0.821、－0.833、－0.822和－0.823。

表5－3　生物量与颜色指数之间的相关关系

颜色指数	相关系数			
	分蘖期	孕穗期	齐穗期	全生育期
红光R	－0.802**	－0.821**	－0.812**	－0.811**
绿光G	－0.818**	－0.834**	－0.843**	－0.841**
蓝光B	－0.569	－0.583	－0.578	－0.572
红光标准化值NRI	－0.821**	－0.833**	－0.822**	－0.823**
绿光标准化值NGI	0.245	0.312	0.321	0.315

（续）

颜色指数	相关系数			
	分蘖期	孕穗期	齐穗期	全生育期
蓝光标准化值 NBI	0.764**	0.798**	0.792**	0.793**
红蓝比值 r/b	−0.817**	−0.825**	−0.821**	−0.822**
绿蓝比值 g/b	−0.63*	−0.730*	−0.731*	−0.728*
红蓝差值 r−b	−0.899**	−0.914**	−0.887**	−0.890**
红蓝和值 r+b	−0.245	−0.311	−0.301	−0.312
绿蓝差值 g−b	−0.478	−0.532	−0.523	−0.516
超绿植被指数 ExG	0.245	0.321	0.328	0.331
红绿植被指数 GRVI	0.750*	0.757*	0.764*	0.766*
修正红绿植被指数 MGRVI	0.748*	0.778*	0.772*	0.769*
红绿蓝植被指数 RGBVI	0.042	0.052	0.049	0.051
超红植被指数 ExR	−0.738*	−0.745*	−0.741*	−0.746*
可见光大气阻抗植被指数 VARI	0.809**	0.844**	0.833**	0.841**
超绿超红植被指数 ExGR	0.532*	0.614*	0.609*	0.611*
沃贝克指数 WI	0.792**	0.803**	0.793**	0.795**

注：*代表 $P=0.05$ 显著水平，**代表 $P=0.01$ 显著水平。

5.2.2 基于颜色指数的生物量监测模型建立和检验

选择与生物量相关性最高的颜色指数红蓝差值，将其与各生育期的生物量进行指数、线性、对数、二次多项式和幂函数拟合分析。由表 5-4 可知，不同生育期的红蓝差值与生物量的最佳拟合方程均为二次多项式。利用红蓝差值建立的分蘖期、孕穗期、齐穗期和全生育期生物量监测模型的决定系数（R^2）分别为 0.877 8、0.882 0、0.872 8 和 0.869 3。利用独立试验数据对建立的生物量监测模型进行检验，采用均方根误差（RMSE）、相对均方根误差（RRMSE）和决定系数（R^2）表示模型精度。结果表明（表 5-4），基于红蓝差值的二次多项式方程可较好地预测生物量，模型检验的 RMSE、RRMSE 和 R^2 分别为20.22～24.65、5.58～6.74 和 0.901 4～0.931 3。

表 5-4　基于红蓝差值的生物量监测模型建立和检验

生育期	建模		检验		
	监测模型	决定系数 R^2	均方根误差 RMSE	相对均方根误差 RRMSE(%)	决定系数 R^2
分蘖期	$y=972.12e^{-3.47x}$	0.877 4	24.15	6.64	0.913 9
	$y=-1\,213.7x+711.68$	0.871 9	24.25	6.65	0.904 3
	$y=-355.2\ln(x)-83.638$	0.877 2	22.94	6.28	0.916 8
	$y=2\,690.9x^2-2\,806.5x+942.59$	0.877 8	22.07	6.09	0.918 2
	$y=100.57x^{-1.011}$	0.874 8	24.83	6.78	0.908 7
孕穗期	$y=1\,017.8e^{-2.182x}$	0.874 1	21.95	6.09	0.910 1
	$y=-1\,431.4x+948.53$	0.880 1	20.54	5.66	0.925 4
	$y=-268.9\ln(x)+220.54$	0.857 4	27.76	7.58	0.893 5
	$y=-1\,491.4x^2-836.69x+892.93$	0.882 0	20.22	5.58	0.931 3
	$y=336.6x^{-0.408}$	0.840 9	29.73	8.09	0.871 2
齐穗期	$y=1\,292.7e^{-1.637x}$	0.869 4	25.67	7.08	0.896 6
	$y=-1\,778.5x+1\,281.7$	0.863 0	26.46	7.25	0.892 1
	$y=-135\ln(x)+754.89$	0.815 9	27.90	7.68	0.857 2
	$y=3\,480.4x^2-2\,549.8x+1\,311.2$	0.872 8	23.99	6.62	0.904 3
	$y=799.19x^{-0.123}$	0.795 6	33.17	9.04	0.841 3
全生育期	$y=1\,688.3e^{-4.88x}$	0.823 7	29.91	8.15	0.862 2
	$y=-3\,177.4x+1\,344.4$	0.868 9	26.59	7.30	0.896 1
	$y=-381.9\ln(x)+25.399$	0.725 1	35.06	9.62	0.783 1
	$y=705.61x^2-3\,450.2x+1\,364.8$	0.869 3	24.65	6.74	0.901 4
	$y=238.62x^{-0.547}$	0.526 3	51.25	14.09	0.660 1

5.2.3 生物量与纹理特征之间的相关关系

由表 5-5 可知，不同纹理特征与生物量之间的相关性差异显著。其中，绿光通道均值与生物量之间的相关性最高，其在分蘖期、孕穗期、齐穗期和全生育期的相关系数分别为−0.907、−0.932、−0.917 和−0.951。与生物量相关性较高的纹理特征还有红光通道均值、蓝光通道均值、红光通道方差、红光通道角二阶矩等纹理特征。生物量与纹理特征的相关性在全生育期表现较好，如红光通道均值分蘖期、孕穗期、齐穗期和全生育期的相关系数分别为−0.887、−0.881、−0.890 和−0.892。

表 5-5 生物量与纹理特征之间的相关关系

通道	纹理特征	相关系数			
		分蘖期	孕穗期	齐穗期	全生育期
红光 R	均值	−0.887**	−0.881**	−0.890**	−0.892**
	方差	0.652*	0.742*	0.772*	0.773*
	均一性	0.195	0.211	0.322	0.264
	对比度	0.118	0.123	0.135	0.174
	异质性	0.488	0.521*	0.517*	0.653*
	角二阶矩	0.583*	0.782*	0.727*	0.801**
绿光 G	均值	−0.907**	−0.932**	−0.917**	−0.951**
	方差	0.568*	0.563*	0.612*	0.655*
	均一性	−0.415	−0.463	−0.434	−0.508
	对比度	0.333	0.452	0.411	0.462
	异质性	0.404	0.441	0.454	0.412
	角二阶矩	0.04	0.211	0.142	0.226
蓝光 B	均值	−0.768*	−0.749*	−0.762*	−0.787*
	方差	0.464	0.494	0.432	0.564

（续）

通道	纹理特征	相关系数			
		分蘖期	孕穗期	齐穗期	全生育期
蓝光 B	均一性	0.212	0.221	0.322	0.435
	对比度	0.126	0.321	0.311	0.411
	异质性	0.093	0.132	0.127	0.211
	角二阶矩	0.543*	0.652*	0.544*	0.722*

注：*代表 $P=0.05$ 显著水平，**代表 $P=0.01$ 显著水平。

5.2.4　基于纹理特征的生物量监测模型建立和检验

选择与生物量相关性最高的纹理特征绿光通道均值，将其与各生育期的生物量进行指数、线性、对数、二次多项式和幂函数拟合分析。由表 5－6 可知，不同生育期的绿光通道均值与生物量的最佳拟合方程均为二次多项式。利用绿光通道均值建立的分蘖期、孕穗期、齐穗期和全生育期生物量监测模型的决定系数（R^2）分别为 0.887 5、0.912 8、0.901 4 和 0.930 5。利用独立试验数据对建立的生物量监测模型进行检验，采用均方根误差（RMSE）、相对均方根误差（RRMSE）和决定系数（R^2）表示模型精度。结果表明（表 5－6），基于绿光通道均值的二次多项式方程可较好地预测生物量，模型检验的 RMSE、RRMSE 和 R^2 分别为 11.10～21.06、3.11～6.08 和 0.919 7～0.969 3。

5.3　基于无人机数码影像的双季稻氮素营养监测

5.3.1　植株氮含量与颜色指数之间的相关关系

将颜色指数与植株氮含量（Plant nitrogen content，PNC）进行相关分析，结果如表 5－7 所示。由表 5－7 可知，在分蘖期，绿红植被指数（Green and red vegetation index，GRVI）、

表 5-6 基于绿光通道均值的生物量监测模型建立和检验

生育期	建模		检验		
	监测模型	决定系数 R^2	均方根误差 RMSE	相对均方根误差 RRMSE(%)	决定系数 R^2
分蘖期	$y=902.39e^{-0.026x}$	0.887 1	23.89	6.56	0.911 7
	$y=-9.0632x+684.31$	0.885 9	23.65	6.48	0.909 0
	$y=-327\ln(x)+1525.7$	0.887 3	21.67	6.09	0.913 5
	$y=0.0736x^2-14.46x+780.83$	0.887 5	21.06	6.08	0.919 7
	$y=9934.4x^{-0.934}$	0.874 2	24.45	6.70	0.901 1
孕穗期	$y=1237.7e^{-0.024x}$	0.912 6	16.63	4.63	0.941 7
	$y=-15.965x+1075.6$	0.910 6	17.97	4.98	0.939 4
	$y=-411.4\ln(x)+1994.6$	0.911 8	15.70	4.38	0.940 4
	$y=0.1879x^2-25.845x+1201.6$	0.912 8	15.14	4.35	0.943 4
	$y=5007.2x^{-0.627}$	0.907 1	19.69	5.42	0.930 3
齐穗期	$y=1930.3e^{-0.033x}$	0.888 8	20.01	5.57	0.917 1
	$y=-35.866x+1714.6$	0.877 8	22.64	6.22	0.912 1
	$y=-634.1\ln(x)+2892.2$	0.894 8	17.66	4.91	0.924 3
	$y=2.2052x^2-114.72x+2398.5$	0.901 4	17.26	4.81	0.934 5
	$y=5702.9x^{-0.584}$	0.900 0	17.52	4.95	0.930 9
全生育期	$y=2447.4e^{-0.051x}$	0.928 3	11.69	3.29	0.959 8
	$y=-32.075x+1557.3$	0.869 2	26.59	7.31	0.896 3
	$y=-865.4\ln(x)+3492.7$	0.921 3	13.95	3.89	0.957 1
	$y=0.9499x^2-86.442x+2254$	0.930 5	11.10	3.11	0.969 3
	$y=45897x^{-1.33}$	0.902 5	16.09	4.53	0.931 3

修正的绿红植被指数（Revised green - red vegetation index，RGRVI)、可见光大气阻抗植被指数（Visible atmospheric impedance vegetation index，VAIVI)、超红植被指数（Excess red vegetation index，ExR)、超绿超红差分植被指数（Excess green minus excess red vegetation index，ExGR）与PNC均呈极显著相关（$P<0.01$)，相关系数绝对值都大于0.81。在拔节期和孕穗期，绿叶植被指数（Green leaf vegetation index，GLI)、RGRVI、绿光标准化值（Normalized greenness intensity，NGI)、ExG、ExGR颜色指数与PNC的相关系数绝对值介于0.609～0.782。在抽穗期和灌浆期，GRVI、RGRVI、VAIVI、ExR、ExGR颜色指数与PNC的相关系数绝对值介于0.601～0.745。其中，红光标准化值（Normalized redness intensity，NRI)、ExR颜色指数与PNC呈负相关，其余颜色指数与PNC呈正相关。RGRVI和ExGR颜色指数在全生育期均与PNC呈显著相关（$P<0.05$)。

表5-7　颜色指数与植株氮含量之间的相关关系

颜色指数	相关系数				
	分蘖期	拔节期	孕穗期	抽穗期	灌浆期
绿红植被指数GRVI	0.838**	0.500	0.754*	0.745*	0.621*
绿叶植被指数GLI	0.793*	0.746*	0.767*	0.701*	0.546
修正的绿红植被指数RGRVI	0.837**	0.609*	0.757*	0.744*	0.621*
归一化红光强度NRI	−0.384	−0.035	−0.678*	−0.671*	−0.427
归一化绿光强度NGI	0.793*	0.746*	0.765*	0.704*	0.547
可见光大气阻抗植被指数VAIVI	0.838**	0.239	0.748*	0.743*	0.615*
超红植被指数ExR	−0.837**	−0.462	−0.749*	−0.743*	−0.625*
超绿植被指数ExG	0.792*	0.746*	0.765*	0.704*	0.542
超绿超红差分植被指数ExGR	0.816**	0.782*	0.766*	0.734*	0.601*

注：*和**分别表示相关性在$P<0.05$和$P<0.01$水平具有显著性。

5.3.2 基于颜色指数的植株氮含量监测模型建立

根据植株氮含量与颜色指数间的相关性分析，采用主成分分析法选择各生育期模型变量。结果显示，在分蘖期 GRVI 和 RGRVI 两个主成分的累计方差贡献率达 99.9%，表明这两个主成分能够用来分析水稻植株氮含量。同样，得出拔节期和孕穗期的主成分颜色指数分别为 GLI 和 RGRVI；抽穗期和灌浆期的主成分颜色指数均为 RGRVI。利用筛选出的各颜色指数与 PNC 进行线性、多项式、指数、幂函数和对数拟合分析，以拟合方程决定系数（R^2）最大的作为最佳监测模型。由表 5-8 可知，基于颜色指数构建的 PNC 监测模型 R^2 介于 0.56～0.70。其中，分蘖期可用线性方程定量表达，拔节期和抽穗期可用二次多项式方程定量表达，孕穗期可用幂函数方程定量表达，灌浆期可用指数方程定量表达。

表 5-8 基于颜色指数的水稻植株氮含量监测模型构建

生育期	颜色指数	监测模型	决定系数 R^2
分蘖期	GRVI/ RGRVI	$y=2.29-62.11x_1+37.62x_2$	0.70
拔节期	GLI	$y=-25.619x^2+15.941x+0.8026$	0.69
孕穗期	RGRVI	$y=3.14x^{0.24}$	0.62
抽穗期	RGRVI	$y=3.29x^2+2.26x+0.84$	0.56
灌浆期	RGRVI	$y = 0.81e^{4.59x}$	0.43

注：x 表示颜色指数，y 表示植株氮含量。

5.3.3 基于颜色指数的植株氮含量监测模型检验

为验证建立的基于颜色指数的植株氮含量监测模型的准确性，利用独立试验数据对 PNC 监测模型进行检验和评价。采用 R^2、RMSE 和平均相对误差（Mean relative error，RE）

3个指标来比较分析PNC观测值和模拟值之间的一致性，进而评价模型的监测精度。结果显示（表5-9），不同生育期的监测模型检验的R^2介于0.59～0.83，RMSE介于1.36～3.94，RE介于0.21～0.51。其中，拔节期基于GLI的多项式模型对PNC的预测效果最好，R^2、RMSE和RE分别为0.83、2.22和0.25。

表5-9 基于颜色指数的水稻植株氮含量监测模型验证

生育期	颜色指数	R^2	RMSE	RE
分蘖期	GRVI / RGRVI	0.66	3.10	0.23
拔节期	GLI	0.83	2.22	0.25
孕穗期	RGRVI	0.79	1.77	0.21
抽穗期	RGRVI	0.68	1.36	0.24
灌浆期	RGRVI	0.59	3.94	0.51

5.4 基于无人机数码影像的双季稻产量预测

5.4.1 基于无人机遥感的作物产量预测

粮食作物产量直接影响国家粮食安全和社会稳定（Wang et al.，2014b）。收获前及时准确地预测作物产量对作物精确管理、粮食安全、粮食贸易和政策制定至关重要（Noureldin et al.，2013）。传统的作物产量预测依赖于人工地面实地调查，虽然结果较准确，但存在效率低、用工成本高、取样误差大等不足。过去几十年来，基于卫星遥感的作物监测技术已成功用于作物产量估算。然而，由于卫星数据的时间分辨率和空间分辨率之间的冲突，基于卫星数据的方法在高分辨率产量估计方面能力有限。相比之下，低空遥感平台可以获取具有极高空间和时间分辨率的图像。随着新技术的发展，无人机平台以其灵活性和低成本成为精准农业作物监测的理想工具。

基于无人机平台，可以以低成本和实用的方式获取具有较高的空间和时间分辨率的遥感图像用于作物监测（Schirrmann et al.，2016；Zheng et al.，2016）。作物最终产量取决于绿叶面积指数的持续时间，绿叶面积指数在最大绿度阶段与植被指数有很强的关系（Yang et al.，2019）。因此，可以通过使用简单的回归模型在最大绿度阶段很好地估计水稻产量（Moslehet al.，2015）。Shanahan 等（2001）利用灌浆期绿色归一化差异植被指数（Green normalized difference vegetation index，GNDVI）估算玉米产量，取得了较为准确的结果。Swain 等（2010）使用无人机收集的 NDVI 数据来估计抽穗期的水稻产量。Bendig 等（2014）从基于无人机的 RGB 图像开发了作物表面模型，以估计大麦生物量。Geipel 等（2014）提出了一种通过将从 RGB 图像中提取的可见波段植被指数和作物高度与作物表面模型相结合来估计玉米产量的方法。然而，绿度在生育后期逐渐降低，由于叶片枯萎，绿度与作物产量之间的相关性下降。因此，以前的研究大多集中在最大绿度的中期产量估计。

虽然无人机图像为研究区域提供了更详细的信息，但同时它们提供了更复杂的背景，如土壤、水和作物阴影，这使得更难检测到作物，特别是在生长前期。若不去除背景，基于光谱数据的作物生长监测的准确性可能会下降（Zhou et al.，2018a）。准确的稻田分类对背景去除和提高水稻生长监测的准确性有很大的帮助。Reza 等（2018）采用无人机低空 RGB 图像，通过将 K 均值聚类和图割算法相结合提取图像的前景和背景，获取水稻稻穗面积来预测水稻产量。

近年来，数据收集技术和计算资源的显著进步导致了深度学习的快速发展。其中，卷积神经网络在图像分类和回归分析中表现出优异的性能（Liu et al.，2015）。Kuwata 和 Shibasaki

(2015) 提出了一个两个内积层的神经网络，利用中分辨率成像光谱仪（Moderate - resolution imaging spectroradiometer，MODIS）图像和 90 个采样点的产量数据来估计玉米产量。You 等（2017）引入降维技术，将 4 维（宽度、高度、深度和时间）原始图像数据转换成 3 维（强度、时间和深度）归一化直方图，通过将 MODIS 图像的直方图输入到结合了长短期记忆（Long short - term memory，LSTM）网络和卷积神经网络（Convolutional neural network，CNN）的高斯过程（Gaussian process，GP），成功地估计了县级大豆产量。

5.4.2　基于无人机 RGB 图像的双季稻产量预测

1. 研究方法与数据预处理

使用无人机收集双季稻低空的 RGB 图像，将 K 均值聚类和 Graph - cut 算法相结合分割图像，通过计算稻谷面积来估计水稻产量。将前景图像转换到实验室颜色空间，然后基于颜色信息使用 K 均值聚类对像素进行标记，并提取图像中稻穗的面积来估计水稻产量。

首先，采用 Agisoft Photoscan 软件拼接无人机采集的图像，并在 ENVI 软件中裁剪。在 Python 软件中采用中值滤波去除图像中的噪声。分割图像，区分图像前景和背景。图像分割流程详见图 5 - 2。在将图像从 RGB 转换到 Lab 颜色空间之前，采用 Graph - cut 从原始图像的背景中提取稻穗。然后，将 RGB 图像转换成 Lab 颜色空间。在 a - b 空间中对颜色进行聚类，并使用聚类索引对像素进行标记，将原始图像分割为稻穗图像和叶片图像。在分割过程之后，分离出稻穗图像，提取稻穗多边形来计算稻穗的面积并建立其与产量关系。在实验中，将这些多边形与地面真实数据进行比较。采用公式（5 - 1）计算多边形面积。

$$A=\frac{1}{2}\left|\sum_{i=1}^{n-1}x_i y_{i+1}+x_n y_1-\sum_{i=1}^{n-1}x_{i+1}y_i-x_1 y_n\right| \quad (5-1)$$

式中，A 为多边形面积，n 为多边形的边数，(x_i，y_i) 代表多边形的顶点。

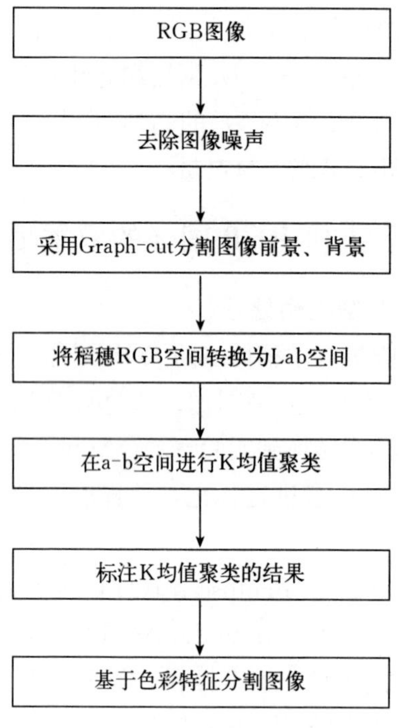

图 5-2　稻穗图像分割流程

2. 预测结果

将无人机低空图像转换到 Lab 色彩空间，在 a-b 空间中对色彩进行聚类，并标记像素，从原始图像中分割出稻穗图像（图 5-3）。通过比较地表图像稻穗分割多边形和无人机图像多边形的面积，检验图像分割的精度（图 5-4），结果表明，基于无人机的图像能够较好地识别稻穗。

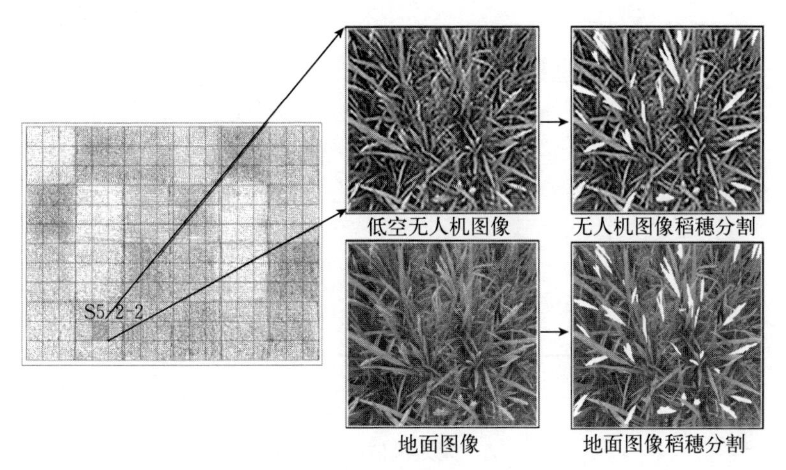

图5-3　图像分割示例

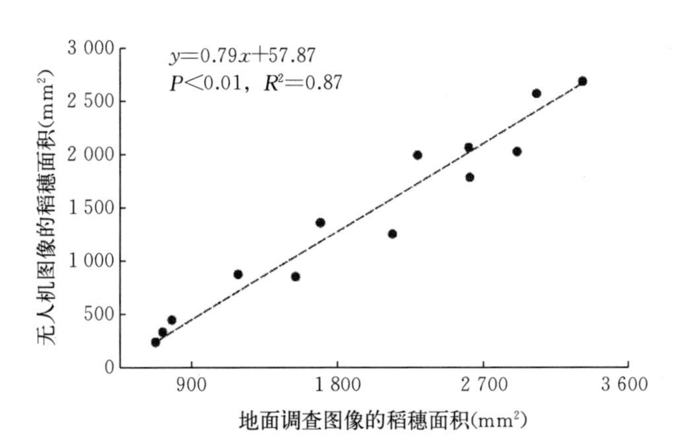

图5-4　地面调查图像稻穗面积与无人机图像稻穗面积比较

使用分割的稻穗面积，估计各区域的产量。估计产量与真实产量进行比较（图5-5）可见，估计产量总体小于真实产量。

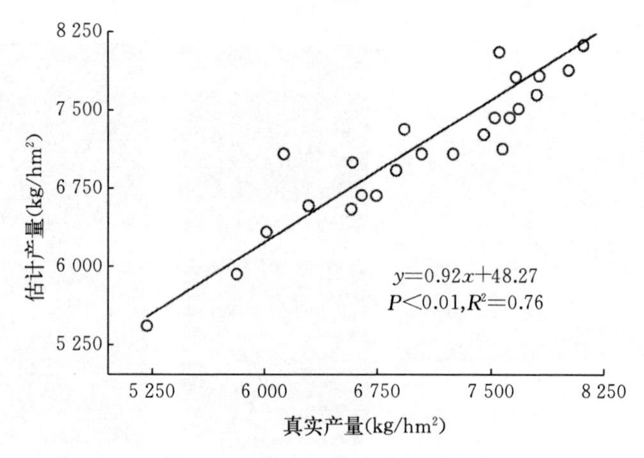

图 5-5　无人机估计产量的验证

第6章　基于光谱图像的双季稻氮素营养监测

氮素是作物生长发育所必需的矿质营养元素之一（Zhou et al.，2018b；Lemaire et al.，2008）。实时无损监测作物氮素营养状况对于氮肥精确管理、减轻农业面源污染具有重要作用。叶片氮含量（Leaf nitrogen content，LNC）、叶片氮积累量（Leaf nitrogen accumulation，LNA）和植株氮积累量（Plant nitrogen accumulation，PNA）是反映作物氮素营养状况的3个重要指标。近年来，以光谱图像技术为代表的作物无损监测技术快速发展，为作物氮素营养监测提供了新的技术手段。本章主要介绍利用光谱图像技术构建双季稻LNC、LNA和PNA定量监测模型，实现双季稻氮素营养的快速无损监测。

6.1　双季稻叶片氮含量监测

6.1.1　基于光谱指数的双季稻叶片氮含量监测模型建立和检验

利用南京农业大学国家信息农业工程技术中心研发的便携式作物生长监测诊断仪CGMD（倪军等，2013），采集早、晚稻不同生育期的冠层差值植被指数DVI_{CGMD}、归一化植被指数$NDVI_{CGMD}$和比值植被指数RVI_{CGMD}，然后将其与LNC分别进行线性、多项式、指数、幂函数和对数函数拟合。结果表明（表6-1），

表 6-1 基于 CGMD 冠层光谱指数的不同生育期早、晚稻叶片氮含量监测模型

光谱指数	生育期	早稻监测模型		晚稻监测模型	
		叶片氮含量 LNC	R^2	叶片氮含量 LNC	R^2
DVI_{CGMD}	分蘖期	$LNC=14.405\times DVI_{CGMD}+1.6518$	0.8460	$LNC=8.6818\times DVI_{CGMD}+1.7028$	0.8534
	拔节期	$LNC=7.1882\times DVI_{CGMD}+2.0279$	0.8763	$LNC=6.7053\times DVI_{CGMD}+1.8649$	0.8690
	孕穗期	$LNC=6.6042\times DVI_{CGMD}+1.8634$	0.8592	$LNC=6.9749\times DVI_{CGMD}+1.8219$	0.8759
	抽穗期	$LNC=5.8813\times DVI_{CGMD}+2.0741$	0.8443	$LNC=5.8258\times DVI_{CGMD}+1.7382$	0.8860
	灌浆期	$LNC=4.2924\times DVI_{CGMD}+2.021$	0.8478	$LNC=6.781\times DVI_{CGMD}+1.5162$	0.9015
$NDVI_{CGMD}$	分蘖期	$LNC=1.7444\times e^{1.9872\times NDVI_{CGMD}}$	0.8634	$LNC=1.6996\times e^{1.71\times NDVI_{CGMD}}$	0.8989
	拔节期	$LNC=1.8047\times e^{2.1278\times NDVI_{CGMD}}$	0.8941	$LNC=1.7988\times e^{1.8426\times NDVI_{CGMD}}$	0.9004
	孕穗期	$LNC=1.568\times e^{2.1101\times NDVI_{CGMD}}$	0.8962	$LNC=1.6509\times e^{2.3075\times NDVI_{CGMD}}$	0.9318
	抽穗期	$LNC=1.8525\times e^{1.74\times NDVI_{CGMD}}$	0.8581	$LNC=1.5614\times e^{2.658\times NDVI_{CGMD}}$	0.8876
	灌浆期	$LNC=1.9493\times e^{1.3175\times NDVI_{CGMD}}$	0.8664	$LNC=1.4391\times e^{2.6802\times NDVI_{CGMD}}$	0.9111
RVI_{CGMD}	分蘖期	$LNC=1.824\times RVI_{CGMD}^{0.7063}$	0.8567	$LNC=1.7937\times RVI_{CGMD}^{0.7431}$	0.8674
	拔节期	$LNC=1.9859\times RVI_{CGMD}^{0.7259}$	0.8798	$LNC=1.8153\times RVI_{CGMD}^{0.9619}$	0.8756
	孕穗期	$LNC=1.8467\times RVI_{CGMD}^{0.6963}$	0.8789	$LNC=1.575\times RVI_{CGMD}^{1.3397}$	0.9247
	抽穗期	$LNC=1.9286\times RVI_{CGMD}^{0.7225}$	0.8475	$LNC=1.8584\times RVI_{CGMD}^{0.8305}$	0.8597
	灌浆期	$LNC=1.7894\times RVI_{CGMD}^{0.6916}$	0.8551	$LNC=1.496\times RVI_{CGMD}^{1.2103}$	0.8995

早、晚稻 DVI_{CGMD} 与 LNC 之间具有较强的线性相关，利用线性方程构建监测模型的决定系数（R^2）在 0.831 4～0.901 5 之间；$NDVI_{CGMD}$ 与 LNC 之间具有较强的指数相关关系，利用指数方程构建监测模型，R^2 在 0.858 1～0.931 8 之间；RVI_{CGMD} 与 LNC 之间的相关关系趋向于幂函数形式，构建监测模型的 R^2 在 0.847 5～0.957 7 之间；3 个光谱指数相比较，$NDVI_{CGMD}$ 与 LNC 之间的相关性高于其他两个植被指数。因此，在生产中可基于不同生育期构建监测模型对早、晚稻的 LNC 进行监测。

图 6-1 为利用独立试验数据对构建的早、晚稻 LNC 监测模型进行检验的结果。早、晚稻不同生育期的 LNC 监测模型均具

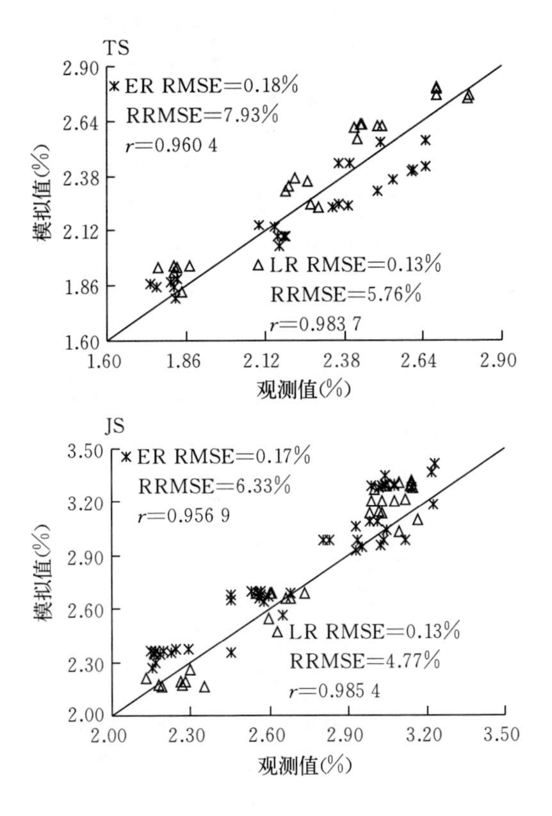

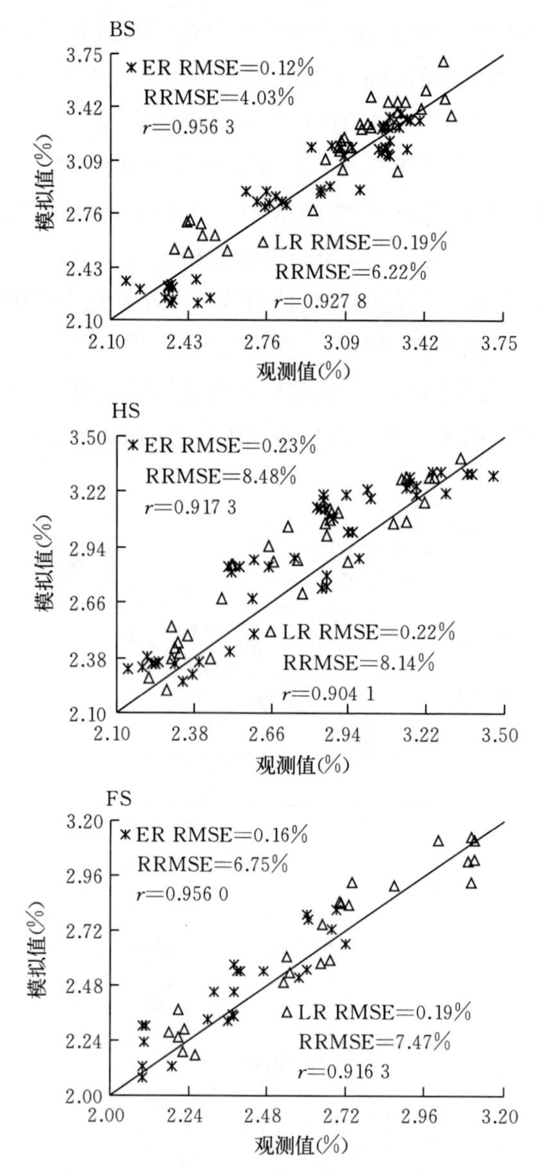

图 6-1 不同生育期早、晚稻叶片氮含量观测值与模拟值的比较

TS：分蘖期；JS：拔节期；BS：孕穗期；HS：抽穗期；FS：灌浆期

有较好的预测效果，LNC 观测值与模拟值之间保持较高的一致性，特别是基于 $NDVI_{CGMD}$ 构建的指数模型，在预测早、晚稻不同生育期 LNC 的均方根误差（RMSE）、相对均方根误差（RRMSE）和相关性（r）分别为 0.12%～0.23%、4.03%～8.48% 和 0.904 1～0.985 4（图 6－1）。说明可以利用双季稻冠层植被指数 $NDVI_{CGMD}$ 构建监测模型对 LNC 进行实时无损监测（李艳大等，2020b）。

6.1.2　基于 RGB 图像的双季稻叶片氮含量监测模型建立和检验

利用数码相机获取早稻全生育期冠层 RGB 图像，将图像通过分割、去噪提取颜色参数，利用单变量回归方法和多变量回归方法构建早稻叶片氮含量（LNC）监测模型。在所有颜色参数中，颜色参数 INT 表现最优，以其为自变量构建 LNC 多项式监测模型的 R^2 为 0.895 7，模型构型为：$LNC=-0.001x^2+0.338\,8x-23.639$；其次为颜色参数 G，以其为自变量构建 LNC 多项式监测模型，R^2 为 0.770 9，模型构型为：$LNC=-0.000\,9x^2+0.410\,2x-40.782$（叶春等，2020）。

表 6－2 展示了以多个颜色参数 B、NGI、NBI、Hue 和 INT 为输入变量，构建多变量回归模型监测早稻 LNC 的效果。结果表明，多变量回归模型预测早稻 LNC 的 r、R^2 和调整 R^2 分别为 0.977、0.955 和 0.844，拟合度较高，具有较高的预测精度（叶春等，2020）。

表 6－2　图像色彩参数与氮营养指数的多元线性回归分析

参数	多元回归方程	r	R^2	调整 R^2
叶片氮含量 LNC	$LNC=-16.597-0.234\times B-22.728\times NGI+43.574\times NBI+0.111\times Hue+0.229\times INT$	0.977	0.955	0.844

利用独立试验数据对构建的早稻 LNC 监测模型进行检验，采用均方根误差（RMSE）、相对误差（RRMSE）和决定系数（R^2）对模拟值与实测值之间的符合度进行评价。结果表明，在早稻拔节期建立的单变量监测模型和多变量监测模型均具有较好的预测效果，RMSE、RRMSE 和 R^2 分别为 0.434 5～0.470 5、13.46%～14.55%和 0.304 5～0.722 7（图 6-2）。

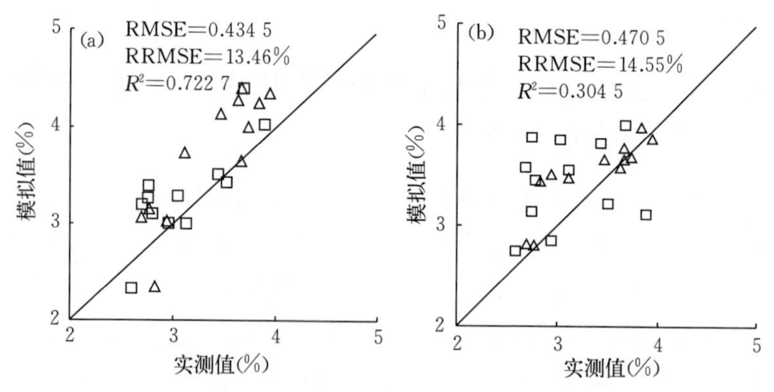

图 6-2　单变量模型下 LNC（a）和多元回归模型下 LNC（b）的实测值与模拟值的比较

6.2　双季稻叶片氮积累量监测

6.2.1　基于光谱指数的双季稻叶片氮积累量监测模型建立和检验

叶片氮积累量（LNA）是表征双季稻氮素营养状况和长势特征的重要参数。李艳大等（2020b）利用 CGMD 采集早、晚稻不同生育期的冠层光谱指数 DVI_{CGMD}、$NDVI_{CGMD}$和 RVI_{CGMD}，然后将其与 LNA 分别进行线性、多项式、指数、幂函数和对数拟合构建监测模型。结果如表 6-3 所示，早、晚稻 DVI_{CGMD} 与 LNA 之间的相关关系可用线性模型描述，模型 R^2 在 0.831 4～

表 6-3 基于 CGMD 冠层光谱指数的不同生育期早、晚稻叶片氮积累量监测模型

光谱指数	生育期	早稻监测模型		晚稻监测模型	
		叶片氮积累量 LNA	R^2	叶片氮积累量 LNA	R^2
DVI_{CGMD}	分蘖期	$LNA=41.952\times DVI_{CGMD}+0.6879$	0.842 6	$LNA=27.694\times DVI_{CGMD}+0.8561$	0.847 9
	拔节期	$LNA=34.73\times DVI_{CGMD}+0.6315$	0.867 6	$LNA=37.12\times DVI_{CGMD}+0.9900$	0.867 8
	孕穗期	$LNA=32.573\times DVI_{CGMD}+0.9516$	0.898 4	$LNA=34.393\times DVI_{CGMD}+1.2053$	0.846 5
	抽穗期	$LNA=24.262\times DVI_{CGMD}+1.1314$	0.871 5	$LNA=29.758\times DVI_{CGMD}+1.2615$	0.872 9
	灌浆期	$LNA=30.324\times DVI_{CGMD}+0.3325$	0.831 4	$LNA=32.633\times DVI_{CGMD}+0.3212$	0.863 3
$NDVI_{CGMD}$	分蘖期	$LNA=0.56\times e^{7.5946\times NDVI_{CGMD}}$	0.859 8	$LNA=0.9384\times e^{5.5881\times NDVI_{CGMD}}$	0.900 6
	拔节期	$LNA=0.8403\times e^{6.984\times NDVI_{CGMD}}$	0.872 1	$LNA=1.0698\times e^{6.9586\times NDVI_{CGMD}}$	0.888 2
	孕穗期	$LNA=0.9555\times e^{6.6084\times NDVI_{CGMD}}$	0.876 5	$LNA=1.0356\times e^{7.7902\times NDVI_{CGMD}}$	0.918 8
	抽穗期	$LNA=1.2008\times e^{4.7657\times NDVI_{CGMD}}$	0.867 2	$LNA=0.9196\times e^{8.0268\times NDVI_{CGMD}}$	0.913 3
	灌浆期	$LNA=0.9305\times e^{5.6144\times NDVI_{CGMD}}$	0.864 2	$LNA=0.928\times e^{7.493\times NDVI_{CGMD}}$	0.892 5
RVI_{CGMD}	分蘖期	$LNA=0.7276\times RVI_{CGMD}^{2.5147}$	0.886 6	$LNA=0.8264\times RVI_{CGMD}^{2.8062}$	0.948 6
	拔节期	$LNA=0.9288\times RVI_{CGMD}^{2.739}$	0.957 7	$LNA=0.9362\times RVI_{CGMD}^{3.6492}$	0.919 9
	孕穗期	$LNA=0.9987\times RVI_{CGMD}^{2.4544}$	0.896 4	$LNA=0.9575\times RVI_{CGMD}^{3.5572}$	0.929 3
	抽穗期	$LNA=0.8835\times RVI_{CGMD}^{2.5032}$	0.893 0	$LNA=0.973\times RVI_{CGMD}^{3.2781}$	0.931 2
	灌浆期	$LNA=0.72\times RVI_{CGMD}^{3.2165}$	0.868 4	$LNA=0.8286\times RVI_{CGMD}^{3.8835}$	0.926 2

0.901 5 之间；早、晚稻 $NDVI_{CGMD}$ 与 LNA 之间的相关关系可用指数模型描述，模型 R^2 在 0.858 1～0.931 8 之间；早、晚稻 RVI_{CGMD} 与 LNA 之间的相关关系可用幂函数模型描述，模型 R^2 在 0.847 5～0.957 7 之间；3 个光谱指数相比，RVI_{CGMD} 与 LNA 的相关性最高，监测模型精度最高。图 6－3 展示了早、晚稻不同时期利用光谱指数 RVI_{CGMD} 构建的 LNA 监测模型的效果，R^2 在 0.868 4～0.957 7。

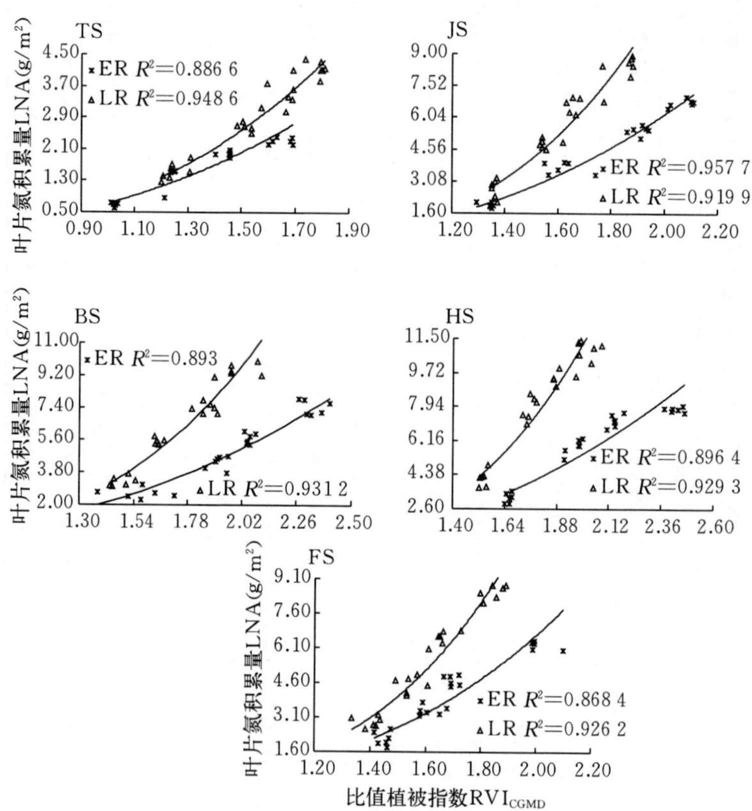

图 6－3 基于 RVI_{CGMD} 的不同生育期早、晚稻叶片氮积累量监测模型

ER：早稻；LR：晚稻；TS：分蘖期；JS：拔节期；BS：孕穗期；HS：抽穗期；FS：灌浆期

图6-4为利用独立试验数据对构建的早、晚稻LNA监测模型进行检验的结果。早、晚稻不同生育期的LNA监测模型均具有较好的预测效果，LNA观测值与模拟值之间保持较高的一致性，特别是基于RVI_{CGMD}构建的幂函数模型，在预测早、晚稻不同生育期LNA的RMSE、RRMSE和r分别为0.37～0.89 g/m²、6.7%～20.4%和0.919 1～0.985 1。早、晚稻不同生育期LNA的观测值与模拟值之间具有较高的一致性（图6-4）。说明可利用双季稻冠层光谱指数RVI_{CGMD}构建监测模型对LNA进行实时无损监测（李艳大等，2020b）。

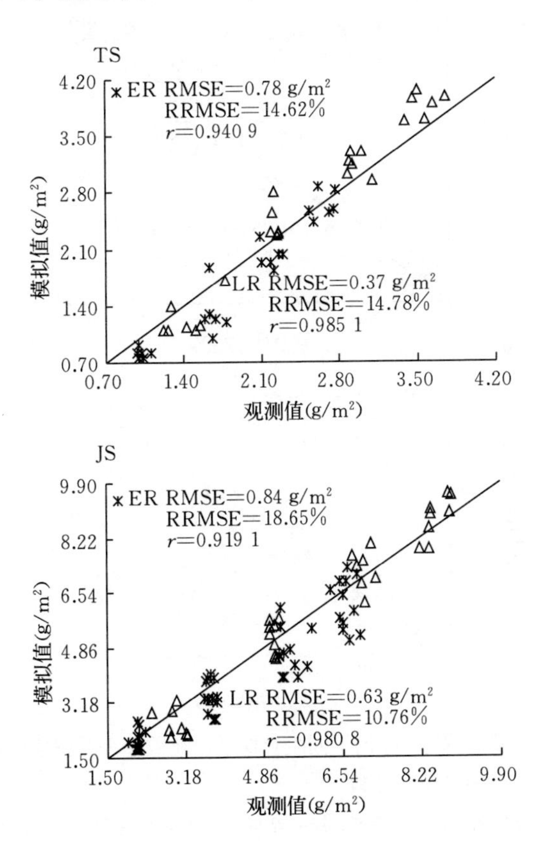

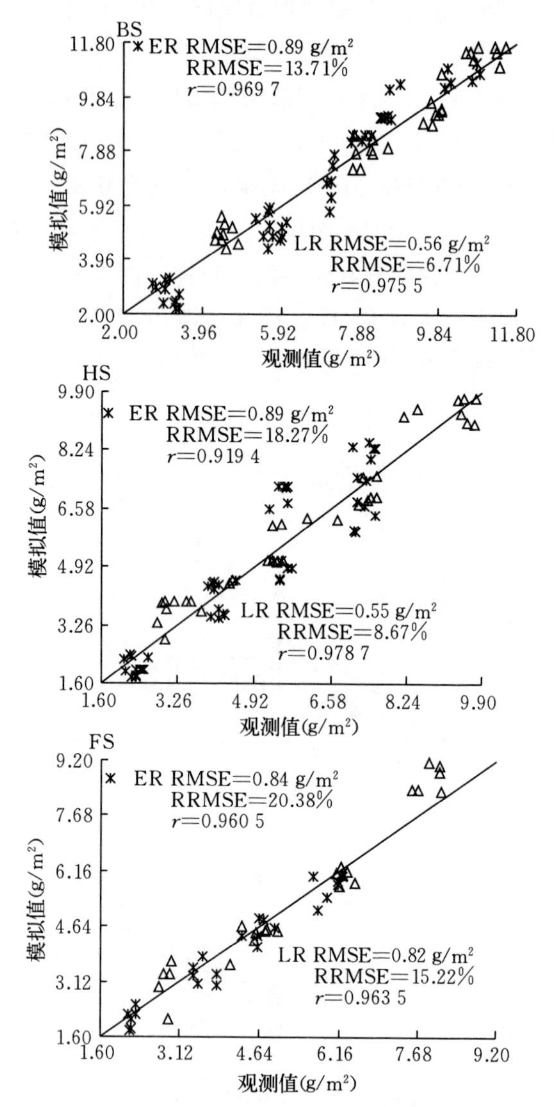

图 6-4 基于 RVI_{CGMD} 的不同生育期早、晚稻叶片氮积累量观测值与模拟值的比较

TS：分蘖期；JS：拔节期；BS：孕穗期；HS：抽穗期；FS：灌浆期

6.2.2 基于 RGB 图像的双季稻叶片氮积累量监测模型建立和检验

采用线性、对数、多项式、幂函数和指数函数分析拔节期早稻 RGB 图像参数与叶片氮积累量（LNA）的相关关系，并建立监测模型。结果发现，在构建单因素监测模型时，冠层颜色参数（除颜色参数 B）与 LNA 之间均存在显著多项式相关。将图像参数与 LNA 进行多项式拟合，发现图像参数 INT 与 LNA 之间的相关性最高，构建多项式监测模型：$LNA=0.0198x^2-5.9397x+459.89$（$R^2=0.9247$）。在基于独立数据进行的模型检验中，其 RMSE 和 RRMSE 分别为 0.864 5 和 5.24%。因此，在可使用图像参数有限的情况下，可基于图像参数 INT 构建单因素监测模型监测双季稻的 LNA。

利用不同图像颜色参数构建多元回归模型。结果如表 6－4 所示，多因素监测模型构建时 r、R^2 和调整 R^2 分别为 0.949、0.901 和 0.654。利用独立试验数据对构建的早稻 LNA 监测模型进行检验，采用 RMSE、RRMSE 和 R^2 对模拟值与实测值之间的符合度进行评价。结果表明，在早稻拔节期建立的单变量监测模型和多变量监测模型均具有较好的预测效果，RMSE、RRMSE 和 R^2 分别为 0.864 5～0.950 9、5.24%～5.77% 和 0.972 6～0.974 4（图 6－5）。

表 6－4　图像色彩参数与叶片氮积累量的多元线性回归分析

参数	多元回归方程	r	R^2	调整 R^2
叶片氮积累量 LNA	$LNA=804.969+6.685\times B+124.189\times NGI-2116.798\times NBI-1.78\times Hue-5.82\times INT$	0.949	0.901	0.654

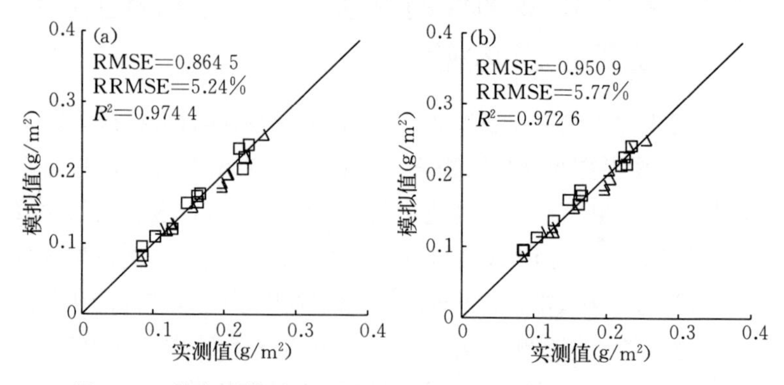

图 6-5 单变量模型下 LNA（a）和多元回归模型下 LNA（b）的实测值与模拟值的比较

6.3 双季稻植株氮积累量监测

6.3.1 基于光谱指数的双季稻植株氮积累量监测模型建立

双季稻植株氮积累量（Plant nitrogen accumulation，PNA）是反映植株生长与氮素营养信息的综合指标。可采用 Green Seeker光谱仪（该仪器包括 780 nm 和 660 nm 两个波段，测定值为归一化植被指数 NDVI）获取冠层 NDVI，采用 CGMD 光谱仪获取冠层 $NDVI_{CGMD}$、DVI_{CGMD}和 RVI_{CGMD}，构建 PNA 监测模型，对 PNA 进行实时无损监测。表 6-5 展示了利用 NDVI、$NDVI_{CGMD}$、DVI_{CGMD}和 RVI_{CGMD}分别构建指数、线性、多项式、对数和幂函数拟合的效果。结果表明，基于 GreenSeeker 光谱仪获取的 NDVI 构建 PNA 监测模型的最佳形式为指数形式，其在分蘖期和拔节期的决定系数 R^2 在 0.92～0.94 之间；基于CGMD 光谱仪获取的 $NDVI_{CGMD}$、DVI_{CGMD}、RVI_{CGMD}与 PNA 相关性最好的冠层光谱指数为 DVI_{CGMD}，DVI_{CGMD}与 PNA 相关性最好的方程形式为线性方程，其在分蘖期和拔节期的 R^2 在0.90～0.93之间（李艳大等，2020c）。

表6-5　早、晚稻植株氮积累量与冠层光谱植被指数的回归方程

光谱仪	生育期	早稻		晚稻	
		方程	决定系数 R^2	方程	决定系数 R^2
GreenSeeker	分蘖期	$PNA=5.7881\times e^{5.1064\times NDVI}$	0.92	$PNA=6.3588\times e^{4.231\times NDVI}$	0.94
	拔节期	$PNA=5.8953\times e^{3.2239\times NDVI}$	0.93	$PNA=7.6779\times e^{2.8339\times NDVI}$	0.93
	生长前期	$PNA=13.38\times e^{1.9929\times NDVI}$	0.87	$PNA=13.896\times e^{2.0271\times NDVI}$	0.88
CGMD	分蘖期	$PNA=224.64\times DVI_{CGMD}+14.861$	0.90	$PNA=216.79\times DVI_{CGMD}+15.367$	0.91
	拔节期	$PNA=201.4\times DVI_{CGMD}+15.318$	0.92	$PNA=201.57\times DVI_{CGMD}+18.313$	0.93
	生长前期	$PNA=201.86\times DVI_{CGMD}+15.733$	0.86	$PNA=211.57\times DVI_{CGMD}+16.252$	0.87

6.3.2　基于光谱指数的双季稻植株氮积累量监测模型检验

利用独立试验数据对构建的早、晚稻PNA监测模型进行检验。结果表明，早、晚稻分蘖期与拔节期的光谱监测模型对PNA的预测效果较好，观测值与模拟值分布在1∶1线附近；分蘖期和拔节期的光谱监测模型预测效果优于生长前期的光谱监测模型。其中，基于GreenSeeker光谱仪的模型检验的RMSE、RRMSE和 r 分别介于3.09～5.96 kg/hm²、5.8%～18.5%和0.92～0.98，基于CGMD光谱仪的模型检验的RMSE、RRMSE和 r 分别介于3.71～6.33 kg/hm²、11.7%～14.3%和0.93～0.96（图6-6）。因此，分别基于分蘖期和拔节期构建光谱监测模型可精确诊断早、晚稻分蘖肥和穗肥推荐时的植株氮积累量PNA。

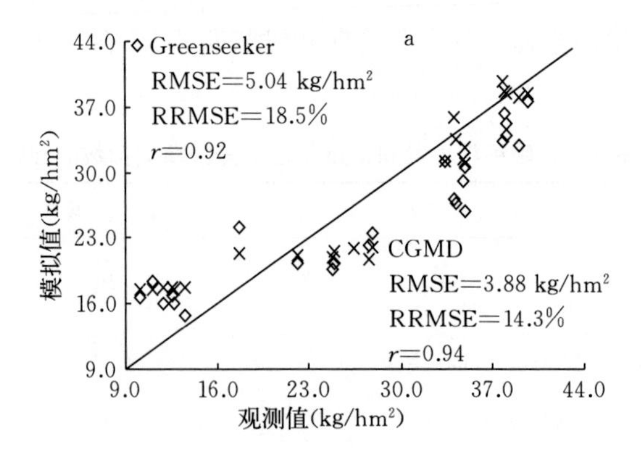
a
Greenseeker
RMSE=5.04 kg/hm²
RRMSE=18.5%
r=0.92
CGMD
RMSE=3.88 kg/hm²
RRMSE=14.3%
r=0.94
模拟值(kg/hm²)
观测值(kg/hm²)
44.0
37.0
30.0
23.0
16.0
9.0

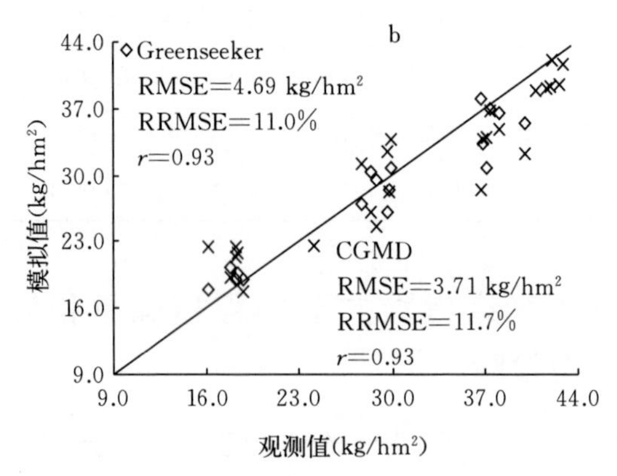
b
Greenseeker
RMSE=4.69 kg/hm²
RRMSE=11.0%
r=0.93
CGMD
RMSE=3.71 kg/hm²
RRMSE=11.7%
r=0.93
模拟值(kg/hm²)
观测值(kg/hm²)
44.0
37.0
30.0
23.0
16.0
9.0

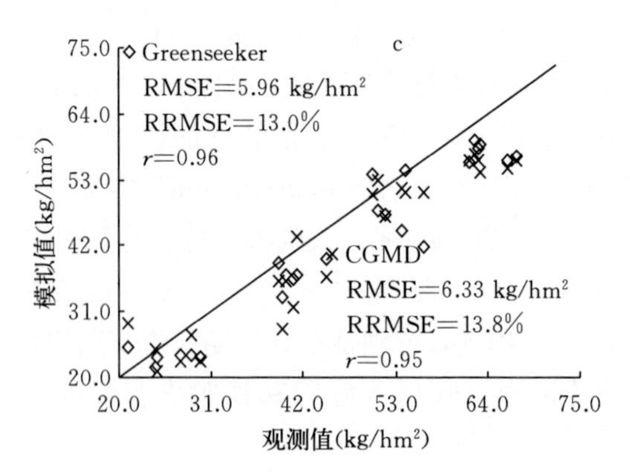
c
Greenseeker
RMSE=5.96 kg/hm²
RRMSE=13.0%
r=0.96
CGMD
RMSE=6.33 kg/hm²
RRMSE=13.8%
r=0.95
模拟值(kg/hm²)
观测值(kg/hm²)
75.0
64.0
53.0
42.0
31.0
20.0

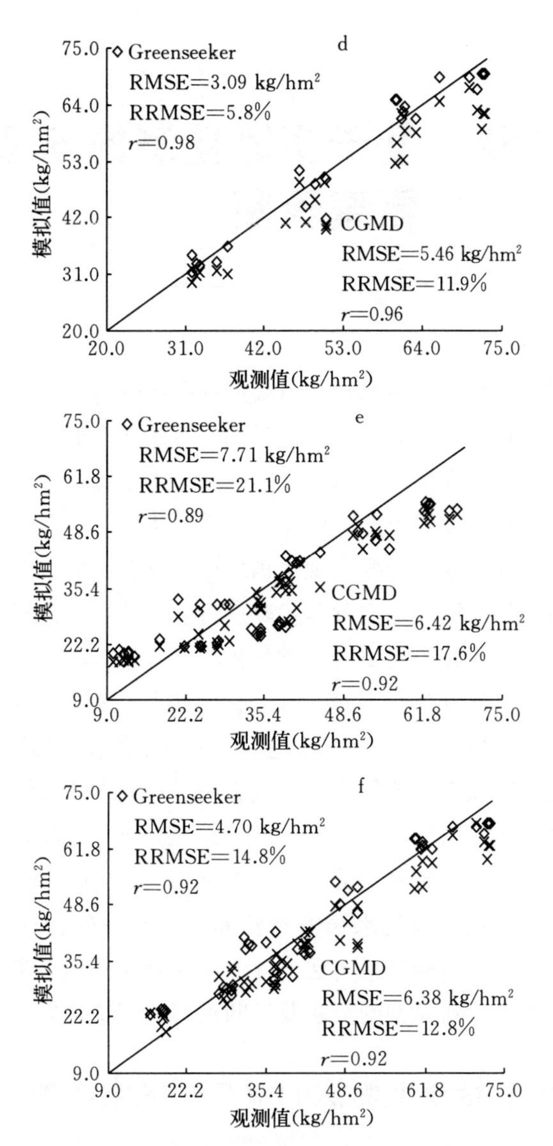

图 6-6 早、晚稻植株氮积累量观测值与模拟值的比较

a：早稻分蘖期；b：晚稻分蘖期；c：早稻拔节期；d：晚稻拔节期；

e：早稻生长前期；f：晚稻生长前期

第7章　基于实时监测的双季稻氮素诊断

氮肥盈亏直接影响水稻产量高低和品质优劣。氮肥施用不足会造成水稻减产，而氮肥施用过量则会带来生产成本上升、环境污染和土地可持续生产能力下降等问题。水稻氮肥的科学运筹和精确调控，对于发展丰产、优质、高效、生态、安全的水稻生产具有重要的现实意义。要实现水稻生产精确施肥的目的，首先要对水稻的长势及植株氮素营养状况进行监测诊断。常规的水稻氮素营养监测诊断方法主要有化学分析法、叶色卡法和便携式叶绿素计法等。化学分析法直观可靠，但需破坏性采样、费时耗工、分析成本高难以实时应用；叶色卡法直观快捷，但缺乏量化指标、经验性较强不便于精确推荐氮肥用量；便携式叶绿素计法只能采集单个叶片信息，且对测定部位和经验要求较高难以反映群体特征。基于实时监测的光谱遥感技术具有实时、快速、无损、信息量大等优点，成为水稻氮素营养诊断与精确管理的关键技术。本章主要介绍养分平衡法、叶面积指数法和氮营养指数法3种双季稻氮素诊断模型的算法及诊断模型的应用效果。

7.1　基于养分平衡法的双季稻氮素诊断

7.1.1　养分平衡法

养分平衡法是作物氮素营养诊断中常用的一种方法，主要通过养分平衡原理和目标产量需氮量计算作物在不同时期的施氮量（覃夏等，2011；Lukina et al.，2001）。其技术流程为：在早、晚稻氮肥施用的分蘖期和拔节期，利用光谱仪获取冠层光谱植被指数无损计算实时植株氮积累量，在综合考虑早、晚稻生育前中期的土壤供氮量的基础上，构建氮素诊断模型，计算出不同时期的施氮量。

早、晚稻基于养分平衡法的氮素诊断模型算法如下：

$$NZ_t = (NX_t - PNA_t - NS_t) / NUE_t \tag{7-1}$$

$$NZ_p = (NX_p - PNA_p - NS_p) / NUE_p \tag{7-2}$$

$$NX_t = TNX \times 45\% \tag{7-3}$$

$$NX_p = TNX \times 55\% \tag{7-4}$$

$$PNA_t = a \times \exp(b \times NDVI_{\mathrm{GreenSeeker}}) \tag{7-5}$$

$$PNA_p = c \times \exp(d \times NDVI_{\mathrm{GreenSeeker}}) \tag{7-6}$$

$$PNA_t = e \times DVI_{\mathrm{CGMD}} + f \tag{7-7}$$

$$PNA_p = g \times DVI_{\mathrm{CGMD}} + h \tag{7-8}$$

$$TNX = GYT \times NGX \tag{7-9}$$

式中，NZ_t 为分蘖肥的施氮量（kg/hm^2）；NZ_p 为穗肥的施氮量（kg/hm^2）；NX_t 为分蘖至穗分化期的需氮量（kg/hm^2），占总需氮量的 45%；NX_p 为穗分化期以后的需氮量（kg/hm^2），占总需氮量的 55%；PNA_t 为施分蘖肥时的植株氮积累量（kg/hm^2）；PNA_p 为施穗肥时的植株氮积累量（kg/hm^2）；NS_t 为分蘖至穗分化期的土壤供氮量（kg/hm^2），早稻取值为 22.0 kg/hm^2，晚稻取值为 24.5 kg/hm^2；NS_p 为穗分化期以后的土壤供氮量（kg/hm^2），早稻取值为 22.5 kg/hm^2，晚稻取值为 25.0 kg/hm^2；NUE_t 为分蘖至穗分化期的氮肥表观利用率（%），早稻取值为 42%，晚稻取值为 43%；NUE_p 为穗分化期以后的氮肥表观利用率（%），早稻取值为 43%，晚稻取值为 44%；TNX 为获得目标产量的总需氮量（kg/hm^2）；a、b、c、d、e、f、g 和 h 均为方程系数，早稻 a、b、c、d、e、f、g 和

h 分别取值 5.788 1、5.106 4、5.895 3、3.223 9、224.64、14.861、201.4 和 15.318，晚稻 a、b、c、d、e、f、g 和 h 分别取值 6.358 8、4.231、7.677 9、2.833 9、216.79、15.367、201.57 和 18.313；$NDVI_{GreenSeeker}$ 为光谱仪 GreenSeeker 测得的归一化植被指数 $NDVI$；DVI_{CGMD} 为作物生长监测诊断仪 CGMD 测得的差值植被指数 DVI；GYT 为早、晚稻目标产量（kg/hm^2），早稻取值为 7 500 kg/hm^2，晚稻取值为 9 000 kg/hm^2；NGX 为单位籽粒吸氮量（kg/kg），早、晚稻均取值 0.02 kg/kg。式中，各参数的取值均基于本团队前期研究（李艳大等，2020c）和前人研究结果（覃夏等，2011；陈青春等，2010；邹应斌，2011）。

7.1.2 氮素诊断模型的应用

表 7-1 展示了利用基于养分平衡法的双季稻氮素诊断模型计算的早、晚稻推荐施氮量，即精确方案。结果显示，利用不同光谱仪生成的精确方案推荐施氮量存在一定差异，基于光谱仪 CGMD 生成的早、晚稻推荐分蘖肥和穗肥施用量略高于基于光谱仪 GreenSeeker 生成的推荐施氮量。如晚稻品种‘五丰优 T025’，基于光谱仪 CGMD 生成的分蘖肥用量为51.94 kg/hm^2，而基于光谱仪 GreenSeeker 生成的分蘖肥用量为51.57 kg/hm^2，前者较后者高 0.37 kg/hm^2。

表 7-1　基于氮素光谱诊断模型的早、晚稻分蘖肥和穗肥施氮量

光谱仪	作物	品种	纯氮用量（kg/hm^2）			
			基肥	分蘖肥	穗肥	总施肥量
GreenSeeker	早稻	株两优 1 号	60.00	42.04	42.11	144.15
		淦鑫 203	60.00	41.16	41.83	142.99
	晚稻	五丰优 T025	72.00	51.57	51.22	174.79
		黄莉占	72.00	51.16	51.04	174.20

（续）

光谱仪	作物	品种	纯氮用量（kg/hm²）			
			基肥	分蘖肥	穗肥	总施肥量
CGMD	早稻	株两优 1 号	60.00	42.16	42.17	144.33
		淦鑫 203	60.00	41.21	42.20	143.41
	晚稻	五丰优 T025	72.00	51.94	52.31	176.25
		黄莉占	72.00	51.81	51.84	175.65

表 7－2 展示了精确方案（T2）与农户方案（T1）在稻谷产量、氮肥农学利用率和经济效益等方面的差异。结果显示，精确方案（T2）推荐的施氮量较农户方案（T1）明显降低，而产量和氮肥农学利用率有所提高。早、晚稻品种 T2 的推荐施氮量比 T1 平均减少 5.5 kg/hm²，产量和氮肥农学利用率平均分别提高 37.9 kg/hm² 和 0.8%。参考市场稻谷售价 2.6 元/kg 和氮肥（尿素）2.5 元/kg 计算，早、晚稻品种 T2 的纯收益比 T1 平均高 128 元/hm²。表明利用养分平衡法构建氮素诊断模型能减少早、晚稻的氮肥施用量，提高氮肥农学利用率，降低成本，增加纯收益，在双季稻生产中具有推广应用价值。

7.2　基于叶面积指数法的双季稻氮素诊断

7.2.1　叶面积指数法

在实际生产中，也可以利用叶面积指数（LAI）来构建早、晚氮素诊断模型调控穗肥施用。具体技术流程为，在早、晚稻拔节期，利用光谱仪采集冠层光谱数据无损估算实时 LAI，在综合考虑早、晚稻目标产量下的最大叶面积指数（LAI_{max}）、总需氮量（TND，kg/hm²）和单位叶面积指数需氮量（$LND_{\Delta LAI}$，kg/hm²）的基础上，按照如下计算方法得到穗肥追氮量（PN，kg/hm²）（式 7－10）：

表 7-2 早、晚稻精确方案与农户方案的产量、氮肥农学利用率和经济效益

光谱仪	作物	品种	施肥方案	施氮量 (kg/hm²)	稻谷产量 (kg/hm²)	氮肥农学利用率(%)	氮肥成本 (元/hm²)	稻谷收益 (元/hm²)	纯收益 (元/hm²)
GreenSeeker	早稻	株两优 1 号	T1	150.0a	7 189.5b	13.4b	815a	18 693b	17 878b
			T2	144.2b	7 247.9a	14.4a	783b	18 845a	18 061a
		淦鑫 203	T1	150.0a	7 157.9b	13.0b	815a	18 611b	17 795b
			T2	143.0b	7 190.5a	13.9a	777b	18 695a	17 918a
	晚稻	五丰优 T025	T1	180.0a	8 307.5b	15.6b	978a	21 600b	20 621b
			T2	174.8b	8 357.0a	16.3a	950b	21 728a	20 778a
		黄莉占	T1	180.0a	8 050.6a	19.1b	978a	20 931a	19 953b
			T2	174.2b	8 058.5a	19.8a	947b	20 952a	20 005a
CGMD	早稻	株两优 1 号	T1	150.0a	7 189.5b	13.4b	815a	18 693b	17 878b
			T2	144.3b	7 252.6a	14.4a	784b	18 857a	18 072a
		淦鑫 203	T1	150.0a	7 157.9b	13.0b	815a	18 611b	17 795b
			T2	143.4b	7 191.4a	13.9a	779b	18 698a	17 918a
	晚稻	五丰优 T025	T1	180.0a	8 307.5b	15.6b	978a	21 600b	20 621b
			T2	176.3b	8 357.1a	16.2a	958b	21 728a	20 771a
		黄莉占	T_1	180.0a	8 049.9a	19.1b	978a	20 930a	19 951b
			T_2	175.7b	8 058.8a	19.6a	955b	20 953a	19 998a
平均			T_1	165.0a	7 676.3b	15.3b	897a	19 958b	19 062b
			T_2	159.5b	7 714.2a	16.1a	867b	20 057a	19 190a

注：T1：农户方案；T2：精确方案。不同字母表示相同品种的不同施肥方案间差异显著（$P<0.05$）。

$$PN = (LAI_{max} - LAI) \times LND_{\Delta LAI} \quad (7-10)$$

式中，LAI_{max}为目标产量下的最大叶面积指数，可以通过当地高产条件下的历史数据获得（李艳大等，2017），特定土壤及环境条件下，获得目标产量的LAI_{max}相对稳定，根据作者团队研究结果表明，供试早、晚稻品种的LAI_{max}的值分别介于6.0～6.4和6.4～6.7，为便于大田生产应用，在江西早、晚稻LAI_{max}分别取值6.2和6.5；LAI为拔节期实时叶面积指数，可以根据拔节期获得的冠层差值植被指数无损估算求得，其计算见公式（7-11）。

$$LAI = a \times DVI + b \quad (7-11)$$

式中，a、b为方程系数，早稻a、b值分别为10.928、2.772 3，晚稻a、b值分别为10.75、2.842；DVI为拔节期的冠层差值植被指数，可通过光谱监测仪实时测量获取。

$LND_{\Delta LAI}$为目标产量下的单位叶面积指数需氮量（kg/hm^2），其计算见公式（7-12）。

$$LND_{\Delta LAI} = TND/LAI_{max} \quad (7-12)$$

式中，TND为获得目标产量的总需氮量，kg/hm^2，其计算见公式（7-13）。

$$TND = GYT \times ND \quad (7-13)$$

式中，GYT为目标产量（kg/hm^2），可以通过当地高产条件下的历史数据获得（邹应斌，2011），特定土壤及环境条件下，GYT相对稳定，为便于大田生产应用，在江西早、晚稻GYT分别取值7 500和9 000 kg/hm^2；ND为单位籽粒吸氮量（kg/kg），根据作者团队研究结果表明，早、晚稻ND值一般均为0.02 kg/kg。

7.2.2　氮素诊断模型的应用

表7-3展示了基于叶面积指数法计算出的早、晚稻穗肥施氮量，为方便表述，将该方法生成的早、晚稻穗肥施氮量称

为调控方案。结果显示，不同株型早、晚稻品种的穗肥施氮量存在差异，紧凑型品种的穗肥施氮量高于松散型品种。如早稻紧凑型品种‘中嘉早 17’的穗肥施氮量为 41.15 kg/hm²，而松散型品种‘淦鑫 203’的穗肥施氮量为 39.24 kg/hm²，二者之间相差 1.91 kg/hm²。这主要是因为在生长前期松散型品种叶倾角小、叶片平展、封行早，叶面积指数和冠层植被指数均比紧凑型品种大。

表 7-3 基于氮素诊断模型的早、晚稻穗肥施氮量

作物	品种	纯氮用量（kg/hm²）			
		基肥	分蘖肥	穗肥	总施肥量
早稻	株两优 1 号	60.00	45.00	40.26	145.26
	株两优 3 号	60.00	45.00	38.88	143.88
	中嘉早 17	60.00	45.00	41.15	146.15
	淦鑫 203	60.00	45.00	39.24	144.24
晚稻	五丰优 T025	72.00	54.00	47.12	173.12
	淦鑫 600	72.00	54.00	45.07	171.07
	黄莉占	72.00	54.00	47.09	173.09
	泰优 308	72.00	54.00	44.58	170.58

表 7-4 展示了调控方案（T2）与农户方案（T1）在稻谷产量、氮肥农学利用率和经济效益等方面的差异。结果显示，调控方案（T2）氮肥用量比农户方案（T1）平均降低 6.58 kg/hm²；产量和氮肥农学利用率（NAE）比农户方案（T1）平均提高 27.43 kg/hm² 和 0.82%。表明调控方案（T2）能提高氮肥利用率，减少土壤氮肥残留，降低氮肥损失风险，具有良好的生态效益。经济效益方面，按照稻谷售价 2.4 元/kg 和氮肥（尿素）2.6 元/kg 计算，早、晚稻调控方案（T2）的平均净收益和产投比较农户方案（T1）分别提高 103 元/hm² 和 0.9。说明调控方

表7-4　早、晚稻氮肥调控模型推荐施肥的调控方案和农户方案的产量、氮肥农学利用率及经济效益比较

作物	品种	施肥方案	氮肥用量 (kg/hm²)	稻谷产量 (kg/hm²)	氮肥农学利用率(%)	氮肥成本 (元/hm²)	稻谷收益 (元/hm²)	净收益 (元/hm²)	产投比
早稻	株两优1号	T1	150.00 a	7 190.55 b	13.37 b	848 a	17 257 b	16 409 b	20.4 b
		T2	145.26 b	7 250.67 a	14.22 a	821 b	17 402 a	16 581 a	21.2 a
	株两优3号	T1	150.00 a	7 109.65 b	12.95 b	848 a	17 063 b	16 215 b	20.1 b
		T2	143.88 b	7 135.48 a	13.68 a	813 b	17 125 a	16 312 a	21.1 a
	中嘉早17	T1	150.00 a	7 067.15 b	16.71 b	848 a	16 961 b	16 113 b	20.0 b
		T2	146.15 b	7 104.07 a	17.41 a	826 b	17 050 a	16 224 a	20.6 a
	淦鑫203	T1	150.00 a	7 157.90 b	13.22 b	848 a	17 179 b	16 331 b	20.3 b
		T2	144.24 b	7 191.68 a	13.98 a	815 b	17 260 a	16 445 a	21.2 a
晚稻	五丰优T025	T1	180.00 a	8 307.55 b	15.75 b	1 017 a	19 938 b	18 921 b	19.6 b
		T2	173.12 b	8 357.75 a	16.66 a	979 b	20 059 a	19 080 a	20.5 a
	淦鑫600	T1	180.00 a	8 359.20 a	15.15 b	1 017 a	20 062 a	19 045 b	19.7 b
		T2	171.07 b	8 359.20 a	15.94 a	967 b	20 062 a	19 095 a	20.7 a
	黄莉占	T1	180.00 a	8 051.00 a	19.30 b	1 017 a	19 322 a	18 305 b	19.0 b
		T2	173.09 b	8 057.03 a	20.11 a	978 b	19 337 a	18 359 a	19.8 a
	泰优308	T1	180.00 a	8 511.35 a	17.66 b	1 017 a	20 427 a	19 410 b	20.1 b
		T2	170.58 b	8 517.90 a	18.67 a	964 b	20 443 a	19 479 a	21.2 a
平均		T1	165.00 a	7 719.29 b	15.51 b	933 a	18 526 b	17 594 b	19.9 b
		T2	158.42 b	7 746.72 a	16.33 a	895 b	18 592 a	17 697 a	20.8 a

注：表中T1和T2分别表示农户方案和调控方案。相同品种的不同施肥方案间，标以不同字母表示在0.05水平上差异显著。

案在提高氮肥利用率、减少氮肥用量、降低生产成本及增加早、晚稻净收益和产投比等方面也具有明显的效果。

7.3 基于氮营养指数法的双季稻氮素诊断

7.3.1 临界氮浓度稀释曲线

构建临界氮浓度稀释曲线是作物氮素营养诊断的一种常用方法。在作物生长过程中，存在一个临界氮浓度（Critical nitrogen concentration，N_c）。临界氮浓度是作物所需的最适宜的氮素状态，当植株体内氮浓度低于临界氮浓度时，生长受限制，而当植株体内氮浓度高于临界氮浓度时，则会导致氮肥施用过量（Greenwood et al.，1977）。在作物个体发育过程中，植株体内氮浓度会随干物质积累逐步降低，二者之间的相关关系可通过构建一个幂函数方程模型进行模拟，这个模型称之为“稀释模型”（Colnenne et al.，1998）。因此，在生产中可根据不同作物品种计算 N_c 与干物质积累之间的相关关系判定作物是否缺氮，叶干重（Leaf dry matter，LDM）是用于计算作物临界氮浓度曲线的常用指标。在双季稻氮素诊断中，也可以其为参量构建氮素诊断模型。

双季稻 N_c 稀释曲线计算方法如下：

$$N_c = aLDM^{-b} \tag{7-14}$$

式中，N_c 为临界氮浓度含量（%）；LDM 为叶干重（t/hm^2）；a 为叶干重为 1 时的临界氮浓度（%）；b 为临界氮浓度稀释曲线斜率。

作者团队基于双季稻氮肥试验数据构建了临界氮浓度稀释曲线，发现临界氮浓度随叶干重增加不断下降，变化趋势可通过幂函数方程拟合。两个早稻品种的参数 a 分别为 3.72 和 3.902，参数 b 分别为 0.31 和 0.256（图 7-1），综合两个早稻品种数据建模为：N_c（%）$=3.73LDM^{-0.34}$，$R^2=0.78$。两个晚稻品种的参数 a 分别为 3.34 和 3.34，参数 b 分别为 0.26 和 0.22（图 7－2），综合两个晚稻品种数据建模为：N_c（%）$=3.83LDM^{-0.47}$，$R^2=0.71$。

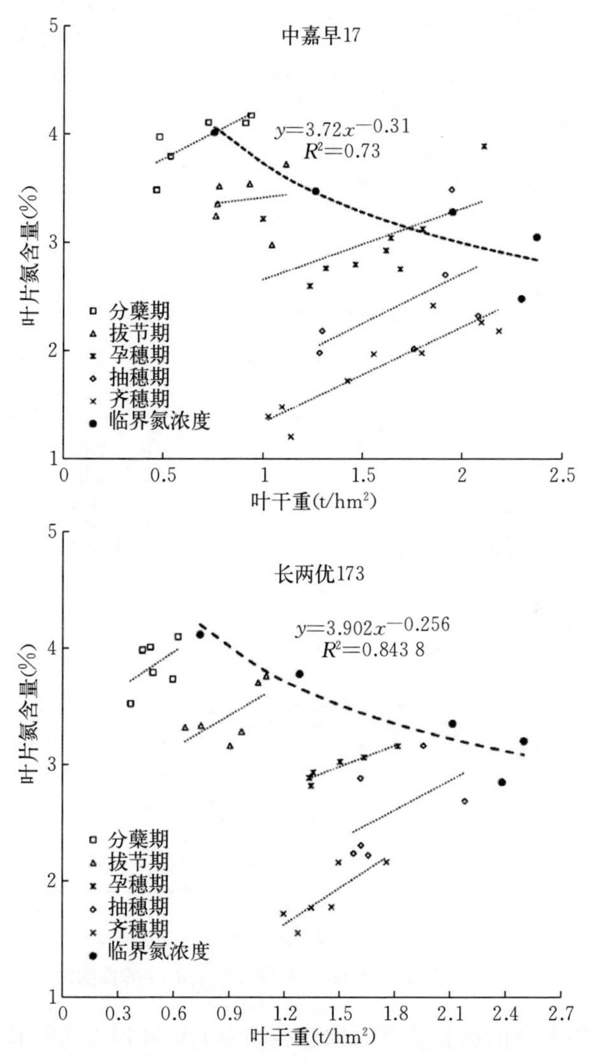

图 7－1　基于叶干重的早稻临界氮浓度稀释曲线

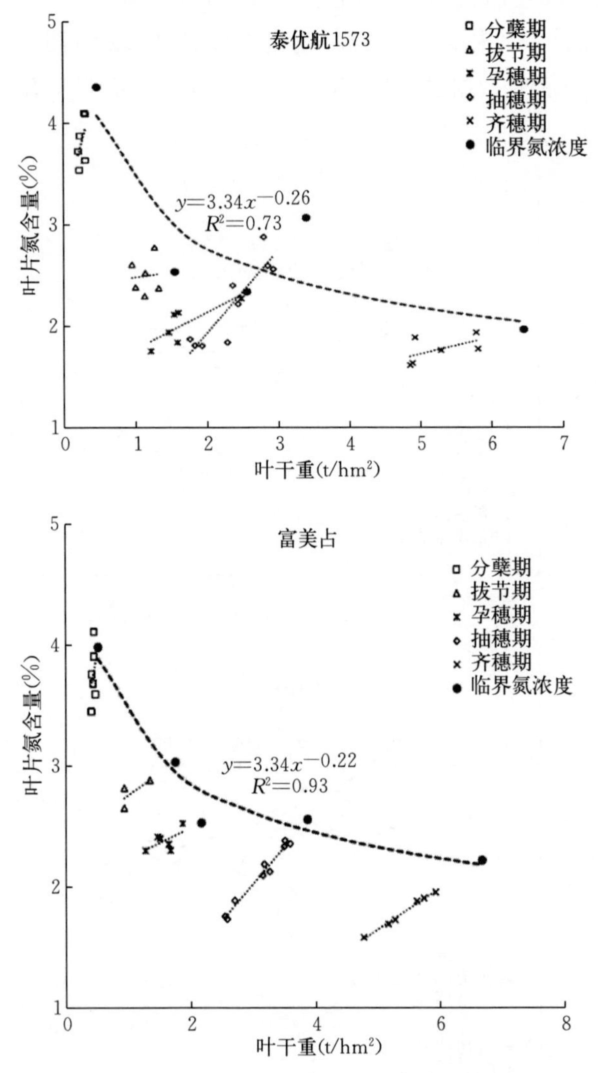

图 7-2　基于叶干重的晚稻临界氮浓度稀释曲线

利用独立的试验数据对构建的临界氮浓度模型进行检验，并绘制模拟值与观测值之间的 1∶1 关系图。从图 7-3 可以看出，不同早、晚稻品种叶片氮浓度的模拟值与观测值之间具有较好的一致性。由表7－5可知，模型对早稻品种‘中嘉早17’叶片氮浓度进行预测的均方根误差（RMSE）和相对均方根误差（RRMSE）分别为0.58和16.31%，模型对晚稻品种‘泰优航1573’叶片氮浓度进行预测的RMSE和RRMSE分别为0.42和17.78%，表明模型具有较高的拟合度和可靠性。

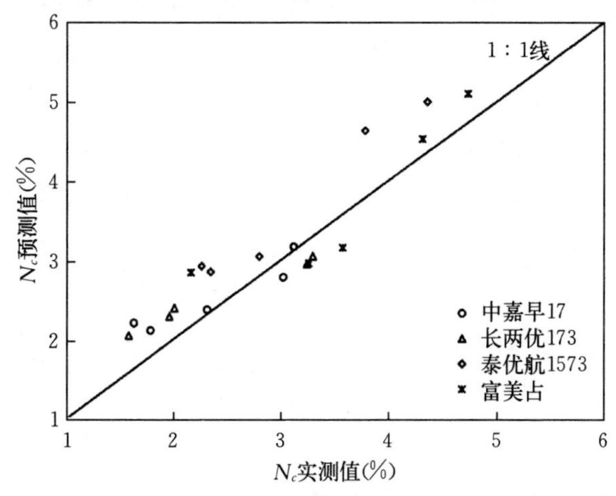

图7－3　基于叶干重建立的双季稻临界氮浓度稀释曲线的检验

表7－5　模型检验结果

检验参数	早稻		晚稻	
	中嘉早17	长两优173	泰优航1573	富美占
RMSE	0.58	0.63	0.42	0.63
RRMSE	16.31%	17.47%	17.78%	26.01%

7.3.2　氮营养指数法

在获得氮浓度临界值后，要实现氮素营养诊断还需计算氮素营养指数（Nitrogen nutrition index，NNI）来估测水稻生育期内的实际氮素状况，具体计算公式如下：

$$NNI=\frac{N_a}{N_c} \tag{7-15}$$

式中，N_a 为氮浓度实测值，N_c 为临界氮浓度。当 NNI＝1 时，表示植株氮营养适宜；当 NNI＞1 时，表示植株氮营养过剩；当 NNI＜1 时，表示植株氮营养不足。

图 7－4 展示了供试早稻品种‘中嘉早 17’和‘长两优 173’及晚稻品种‘泰优航 1537’和‘富美占’在 4 个施氮量下 NNI 的变化。由图7－4可知，早稻品种在 N0、N1、N2 和 N3 4 个施氮量下的 NNI 分别为 0.26～0.75，0.58～1.03，0.77～1.37 和 1.03～1.49；晚稻在 N0、N1、N2 和 N3 4 个施氮量下的 NNI 分别为 0.29～0.77，0.55～1.07，0.80～1.34 和 0.92～1.56，

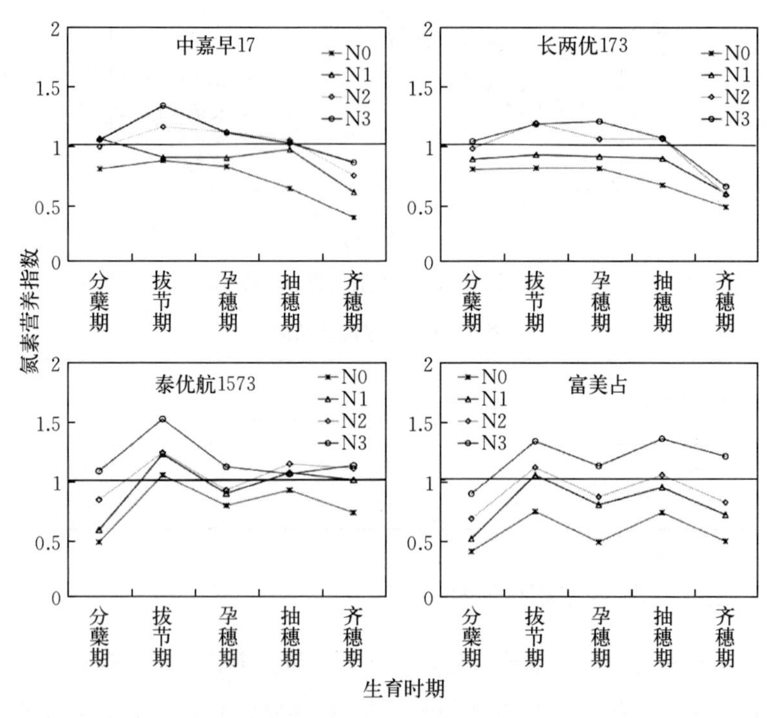

图 7－4　不同施氮量下双季稻氮营养指数动态变化

表明供试早稻品种在 N0 和 N1 处理下氮营养处于亏缺状态，在 N2 处理下氮营养适中，在 N3 处理下氮营养过剩；供试晚稻品种在 N0 和 N1 处理下氮营养处于亏缺状态，在 N2 处理下氮营养适中，在 N3 处理下氮营养过剩。此外，供试早、晚稻品种的 NNI 随生育进程推进呈先增加后降低趋势。

图 7－5 展示了 NNI 与双季稻相对产量（Relative yield，RY）之间的相关关系。结果表明，NNI 与早、晚稻 RY 之间的关系可用二次函数方程来表示。RY 随 NNI 的增加呈先增加后降低趋势。早稻品种‘中嘉早 17’和‘长两优 173’在孕穗期的回归方程决定系数（R^2）最高，分别为 0.788 5 和 0.764 6；当 NNI 为 1.02 和 1.03 时，RY 的最大值分别为 0.96 和 0.97。晚稻品种‘泰优航 1573’和‘富美占’的 R^2 在拔节期最高，分别为 0.822 9 和 0.884 2；当 NNI 为 0.99 和 0.97 时，RY 的最大值分别为 0.97 和 0.98。

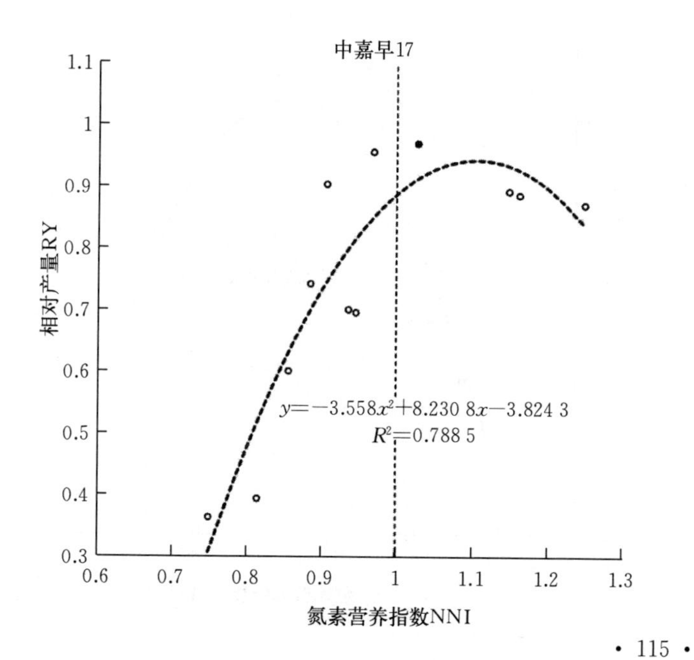

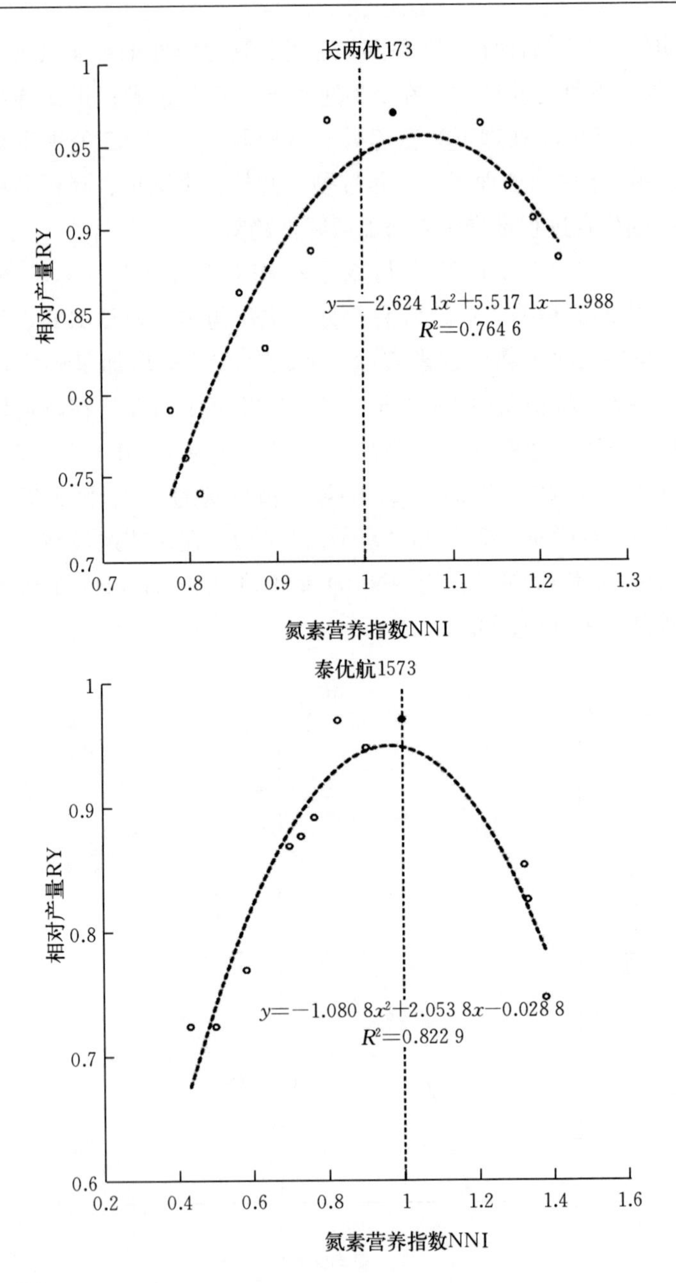
长两优173
相对产量RY
$y=-2.624\ 1x^2+5.517\ 1x-1.988$
$R^2=0.764\ 6$
氮素营养指数NNI
泰优航1573
相对产量RY
$y=-1.080\ 8x^2+2.053\ 8x-0.028\ 8$
$R^2=0.822\ 9$
氮素营养指数NNI

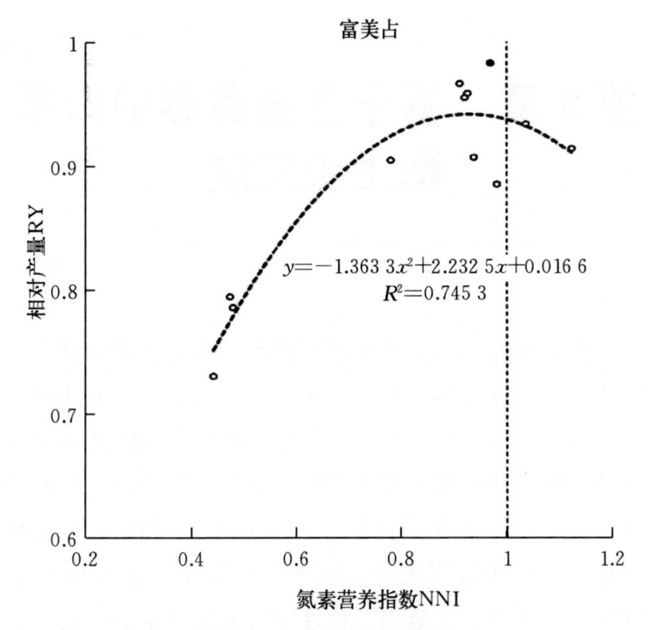

图7-5　氮素营养指数NNI与双季稻相对产量（RY）的关系

注：图内实心圆点为相对产量RY的最大值。

第8章　基于卫星遥感的双季稻生长监测

遥感技术作为一门先进的实用技术，在农业资源调查、生物产量估计、农业灾害预测和评估等方面得到了广泛的应用（胡著智等，1999）。近年来，世界各国先后发射了各类民用卫星平台和传感器，从光学资源卫星为主向高光谱、高空间、高时间分辨率的方向发展。随着我国作物生产管理由传统的模式化和规范化，向着定量化和智能化方向转变，作物生产过程中对空间信息，特别是对动态、大范围、快速及时的遥感信息的需求日趋迫切（史舟等，2015）。遥感技术不仅有助于在区域、国家甚至全球尺度宏观指导农业生产的规划和管理，而且可为农田尺度作物精确生产管理提供生长和生理信息。农业遥感应用主要涉及作物生长参数遥感反演、作物遥感分类与识别、作物遥感监测空间决策等方面（陈仲新等，2016）。本章着重介绍遥感影像来源与信息提取、双季稻识别与种植面积估测和双季稻产量预测。

8.1　遥感影像来源与信息提取

遥感技术作为现代前沿信息技术，可快速、准确、实时地获取地面信息。近年来，随着更高时空分辨率的卫星成像系统相继发射成功，农业遥感得到了进一步深入发展。哨兵1号（Sentinel-1）、哨兵2号（Sentinel-2）、哨兵3号（Sentinel-3），高分 1 号（GF－1）、高分 2 号（GF－2）、高分 3 号（GF－3）、Planet 等卫星为农作物长势监测提供了更高时间、空间和光谱分辨率的信息，颠覆了传统的作物长势监测模式，作物长势监测进入了大数据时代（唐华俊，2018）。在不久的将来，基于卫星遥感的双季稻监测技术必将迎来新的发展机遇。

8.1.1　遥感影像来源

卫星遥感以其快速、简便、宏观、无损及客观等优点，广泛应用于农业生产各个环节。农田作物信息的快速获取与解析是开展精准农业实践的前提和基础，是突破制约中国现代农业应用发展瓶颈的关键，在农业田间信息获取上，遥感技术优势明显。农业遥感信息获取是农业遥感应用的基础。自 1972 年以来，卫星影像开始应用于农业领域。卫星遥感在农业领域的应用表现为如下特征趋势。首先，成像系统的空间分辨率已经从陆地卫星 1 号（Landsat－1）的 80 m 提高到 RapidEye 和 WorldView 的亚米分辨率。其次，回访周期从使用陆地卫星的 18 d 提高到 WorldView 的 1 d。第三，可用于分析的光谱波段数量从陆地卫星的四个波段（带宽大于 60 nm）增加到八个或更多波段（带宽大于 40 nm）。美国国家航空航天局的地球观测 1 号（EO－1）卫星上的 Hyperion 等超光谱成像系统提供了更高的光谱分辨率，成像波长从 400 nm 到 2 500 nm。除了光学遥感器外，还有成像雷达，以它全天时、全天候、高分辨率、穿透性等独特的优势，从航天飞机成像雷达单波段、单极化、单入射角的 SIR－A 发展到多波段、多极化、多入射角的 SIR－C/X－SAR（1994），加拿大雷达卫星（1995），并进一步发展到干涉雷达实时获得地表三维信息，极化雷达同时获得地物不同极化待征信息，以便更准确地探测目标特征；并进一步开拓新的工作波段，如毫米波（30～300 GHz）和亚毫米波（300～3 000 GHz）。目前常用的对地遥感卫星的空间分辨率、重返周期和国家/地区等见表 8－1。

表 8－1　用于作物生长监测的主要陆地遥感及其影像参数列表

卫星（发射年份）	光谱波段	空间分辨率（m）	重返周期（d）	农业应用潜力
Landsat－1（1972）	G，R，NIR	72	18	低
AVHRR（1978）	R，NIR，TIR	1 090	1	低
Landsat－5（1984）	B，G，R，NIR，SWIR，TIR	30	16	中
SPOT－1（1986）	G，R，NIR	20	2～6	中
IRS－1A（1988）	B，G，R，NIR	72	22	中
ERS－1（1991）	Ku band altimeter，IR	20	35	高
JERS－1（1992）	L	18	44	低
LiDAR（1995）	VIS	0.1	N/A	低
RadarSAT（1995）	C－band	30	1～6	高
IKONOS（1999）	Panchromatic，B，G，R，NIR	1（PAN），4（MS）	3	高
SRTM（2000）	X－band	30	N/A	中
Terra EOS ASTER(2000)	G，R，NIR，6 MIR，5 TIR	15～90	16	中
EO－1 Hyperion（2000）	400～2 500 nm	30	16	高
QuickBird（2001）	Panchromatic，B，G，R，NIR	0.61～2.4	1～4	高
EOS MODIS（2002）	36 个波段	250～1 000	1～2	低
RapidEye（2008）	B，G，R，Red edge，NIR	6.5	5.5	高
GeoEye－1（2008）	Panchromatic，B，G，R，NIR1，NIR2	0.65（PAN），1.65（MS）	2～8	高
WorldView－2（2009）	P，B，G，Y，R，Red edge，NIR	0.5	1.1	高
Pleiades－1（2011）	B，G，R，NIR	0.5（PAN），2（MS）	26	高
SPOT－6/7(2012/2014)	B，G，R，NIR	1.5（PAN），6（MS）	1	高
ZY－3（2012）	B，G，R，NIR	5.8	59	低
Landsat－8（2013）	C，B，G，R，NIR，Cirrus，SWIR，TIR	60（TIR），15（PAN），30（MS）	16	中

（续）

卫星（发射年份）	光谱波段	空间分辨率（m）	重返周期（d）	农业应用潜力
GF-1（2013）	B，G，R，NIR	2（PAN），8（MS）	4	高
GF-2（2014）	B，G，R，NIR	0.8（PAN），3.2（MS）	5	高
Planet（2014）	B，G，R，NIR	3	1	高
WorldView-3（2014）	P，C，B，G，Y，R，RE，NIR	0.31（PAN），1.24（MS）	1	高
Sentinel-2（2015）	B，G，R，RE，NIR，SWIR	10 或者 20	5	高
GF-6（2018）	B，G，R，RE，NIR	2（PAN），8（MS）	4	高

注：表中 P、C、B、G、Y、R、RE、NIR、SWIR、Cirrus 和 TIR 分别表示全色、海岸、蓝、绿、黄、红、红边、近红外、短波红外、云检测波段和热红外波段。PAN 和 MS 分别表示全色和多光谱影像（曹卫星等，2020）。

受到作物生长周期的影响，陆地资源卫星的时空分辨率和数据获取难度阻碍了其在农业生产管理中的应用，而卫星影像获取的难度与其时空分辨率和地理环境密切相关。高分辨率影像数据具有地表分辨率高、地物纹理信息丰富、成像光谱波段多、重访时间短等优点，对作物精确管理具有重要意义。然而，当前所有的高分辨率数据均采用商业运营的模式，数据必须采用订购方式获取，导致成像周期不固定、时间分辨率低、价格高等特点。中、低分辨率影像具有时间分辨率高、访问周期固定、光谱信息丰富和免费等特点，可满足农业、特别是我国南方双季稻区多时相、大范围的遥感应用，然而其分辨率低的特征不利于精确获取作物长势信息。多源遥感图像融合将不同传感器、不同分辨率的影像提取其各自优势，利用遥感算法将其结合，得到兼具两者优势的新的影像。这样大大提高了遥感影像的可用性。例如将具有高时间分辨率的影像与具有高空间分辨率的影像相结合，根据算法生成既有高时间分辨率又有高空间分辨率的影像，提高了原高空间分辨率的时效性，使影像利用率增高。这种方式现在正在被广泛应用于农业遥感监测领域（魏永霞等，2018）。

8.1.2 遥感信息提取

遥感过程是一个从地表信息到遥感信息的数据获取过程（曹卫星等，2020）。遥感影像是地物电磁波谱特征的实时记录。人们可以根据记录在图像上的影像特征（包含着地物的光谱特征、空间特征、时间特征等），来推断地物的电磁波谱性质。遥感信息的提取过程主要包括：卫星影像预处理和光谱运算及特征变换两部分。

1. 卫星影像预处理

遥感系统在成像过程中不可避免地会受到传感器自身限制及成像环境的影响，因此其获取数据的过程中也必然会存在一定的误差，从而造成其记录复杂地表信息的初始影像也会存在一定程度的误差。这些误差会降低遥感数据的质量，进而影响后续相关分析的精度，因此有必要对获取到的原始影像根据后续分析的需求做一定的预处理，以消除或削弱影像成像过程中造成的误差，提高影像后续处理分析的精度（赵英时，2003）。图像预处理主要包括：辐射校正、几何校正、图像镶嵌和图像统计五部分。

（1）辐射校正。利用遥感器观测目标物辐射或反射的电磁能量时，从遥感器得到的测量值与目标物的光谱反射率或光谱辐射亮度等物理量是不一致的，遥感器本身的光电系统特征、太阳高度、地形以及大气条件等都会引起光谱亮度的失真（侯平等，2010）。为了正确评价地物的反射特征及辐射特征，必须尽量消除这些失真。这种消除图像数据中依附在辐射亮度里的各种失真的过程称为辐射校正。

完整的辐射校正包括遥感器校正、大气校正，以及太阳高度和地形校正。图 8－1 显示了对遥感图像辐射校正的数据流和基本方法。通常大气校正比较困难，因为大气校正要求关于获取图像时的大气条件。这些信息一般都因时因地而异。

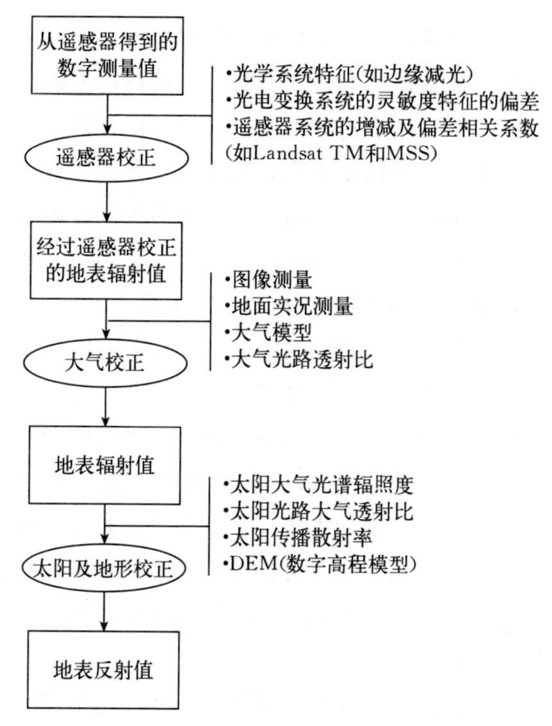

图8-1　遥感影像辐射校正流程

（2）几何校正。遥感图像通常包含严重的几何变形（王春媛，2014）。引起几何变形的原因一般分为系统性和非系统性两大类。系统性几何变形是有规律和可以预测的，因此可以应用模拟遥感平台及遥感器内部变形的数学公式或模型来预测。非系统性几何变形是不规律的，它可以是遥感器平台的高度、经纬度、速度和姿态等的不稳定，地球曲率及空气折射的变化等等，一般很难预测。几何校正的目的就是要纠正这些系统及非系统性因素引起的图像变形，从而使之实现与标准图像或地图的几何整合

（梅安新，2001）。图像的几何纠正需要根据图像中几何变形的性质、可用的校正数据、图像的应用目的，来确定合适的几何纠正方法。

图像的校正有两种，一是根据卫星轨道公式将卫星的位置、姿态、轨道及扫描特征作为时间函数加以计算，来确定每条扫描线上像元坐标。多数用户得到的便是这种。但是往往由于遥感器的位置及姿态的测量值精度不高，其校正图像仍存在不小的几何变形。因此进一步的几何纠正需要利用地面控制点和多项式纠正模型，其具体步骤包括：地面控制点的选取，多项式纠正模型和重新取样（重采样）、内插方法选择（梅安新，2001）。

（3）图像镶嵌。当研究区超出单幅遥感图像所覆盖的范围时，通常需要将两幅或多幅图像拼接起来形成一幅或一系列覆盖全区的较大图像，这个过程就是图像镶嵌。进行图像镶嵌时，首先要指定一幅参照图像，作为镶嵌过程中对比度匹配以及镶嵌后输出图像的地理投影、像元大小、数据类型的基准；在重复覆盖区，各图像之间应有较高的配准精度，必要时要在图像之间利用控制点进行配准；尽管其像元大小可以不一样，但应包含与参照图同样数量的层数。

为便于图像镶嵌，要保证相邻图幅间有一定的重复覆盖区，由于其获取时间的差异，太阳光强及大气状态的变化，或者遥感器本身的不稳定，致使其在不同图像上的对比度及亮度值均会有差异，因而有必要对各镶嵌图像之间在全幅或重复覆盖区上进行匹配，以便均衡化镶嵌后输出图像的亮度值和对比度。最常用的图像匹配方法有直方图匹配和彩色亮度匹配。

（4）图像统计。对多光谱遥感数据进行基本单元和多元统计分析通常会对显示和分析遥感数据提供许多必要的有用信息。它是图像处理的基础性工作。这些统计分析通常包括计算图像各波段的最大值、最小值、亮度值的范围，平均值、方差、中间值、峰值，以及波段之间的方差、协方差矩阵，相关系数和各波段的直方图（赵英时，2003）。

2. 卫星图像特征提取

（1）光谱特征提取。光谱特征提取的结果应该满足可区分性、可靠性、独立性和数量少等优点（杨贵军等，2013）。尽管地物各波段的光谱属性均可用来区分地物，但有时它们区分的广度（如某一波段只能用来区分两种地物、不能用来区分更多地物）或深度（如某一波段在不同地物之间仅具有较细微的差异）受到一定的限制。如果将它们进行某种线性或非线性组合的指标则可以更好地区分各种地物。

植被指数是一种数据增强的方法，有助于增强遥感影像的解译能力，广泛应用于土地利用类型识别、植被覆盖度评价、作物类型识别和作物长势监测与预报等方面（孙滨峰等，2019）。为了突出某种地物信息，也可以对不同波段进行简单的代数运算以增强感兴趣地物的特征信息，由于绿色植物对红光波段具有强吸收作用，而对近红外波段具有高反射作用，因此绿色植物对这两个波段的光谱响应具有明显的反差，植被指数正是通过对这两个波段的组合来进一步增强植被信息，并且使新的变量对植被长势、生物量等具有一定指示意义。目前常用的植被指数有比值植被指数（Ratio vegetation index，RVI）、归一化植被指数（Normalized difference vegetation，NDVI）、土壤调整植被指数（Soil adjusted vegetation index，SAVI）、差值植被指数（Difference vegetation index，DVI）、垂直植被指数（Perpendicular vegetation index，PVI）和增强型植被指数（Enhanced vegetation index，EVI）等（赵英时，2003）。

（2）空间特征提取。空间特征属于局部统计变量，它是以图像中的属性均质的区域为研究对象，反映对象内部的灰度变化、像元组合及其与周边的关系，所以空间特征是面向对象的。例如，纹理特征可以通过对象范围内像元灰度变化值、信息熵等来描述，形状特征可以通过对象的面积、周长、形状指数延伸性等参数来描述，空间关系可以通过对象间相邻、包含、前后、左右等关系来描述。空间特征的参数表达与对象的大小和形状有关，当图像分割尺度过细，对象仅由少数几个像元组成，对象与相邻对象的属性差异特别小，无法代表某一具体类别子集，此时对象的形状特征和空间关系特征不具有规律性和可比性，是无法参与分类的。纹理特征作为反映对象范围内像元灰度空间分布的属性可以用来区分地物，将描述纹理特征的参数值赋值给对象区域的中心像元，形成一个纹理特征属性层，与其他光谱属性一起进行分类，这是对象的像元数、灰度与面向像元分类常用的方法。

纹理是遥感图像上的重要信息和基本特征，是进行图像分析和图像理解的重要信息源。纹理反映了图像灰度模式的空间分布，包含了图像的表面信息及其与周围环境的关系，更好地兼顾了图像的宏观结构与微观结构。纹理是由纹理基元按某种确定性的规律或者某种统计规律排列组成的，纹理具有局部的随机性和整体的统计规律性。纹理特征提取的方法可分为 4 类：统计法、模型法、信号处理法及结构法（刘丽等，2009）。

形状是物体的基本特征之一。形状不同于光谱和纹理等底层特征，它的表达是以图像中的物体或区域为基础，所以形状特征的提取首先是对图像进行分割，然后对分割得到的对象形状进行表述。表达对象形状的方法有很多，其相应的形状特征描述参数也不尽相同，通常对于对象的形状表达分为两类：基于轮廓特征和基于区域特征。前者只利用形状的外部边缘，一般认为光谱特征均质的物体，其边界信息最丰富，地物形状特征通过其边界信息表现出来；而后者利用形状的目标区域整体信息，如组成对象的像元。

8.2　双季稻识别与种植面积估测

8.2.1　水稻识别与种植面积估测研究现状

遥感提取方法是获取作物空间分布信息的有效手段，对农业生产管理与农业政策制定至关重要（赵春江，2014）。传统的作物分布调查手段已不能满足现代农业规模化生产的需求。遥感作为一种综合性探测技术，在植被分类和生长状况监测中展现出显著优势。作物类型及其种植面积监测主要通过研究作物的空间分布，监测作物的种植结构和面积信息，是作物长势监测、作物生产力预测的基础。

目前，我国作物面积遥感估测主要面临以下 3 个问题：一是作物遥感识别特征多局限于光谱特征，未能充分、全面地挖掘利用其他信息，限制了作物分类精度的提升；二是作物遥感识别特征具有时空属性，随着遥感影像时相和空间分辨率的变化，从而对作物分类表现出不同的指示作用，但是目前人们对特征的时空效应关注较少，导致在时相和空间分辨率方面对识别特征的选择具有一定的盲目性；三是我国种植制度和地块破碎程度的区域差异较大，南方地块尤其小而破碎，且种植结构复杂多样，是遥感识别作物和估算面积的难点，中低分辨率影像混合像元较多，难以完成主要作物之间及作物与其他地物之间的区分，而高分辨率数据“同物异谱”现象更加严重，会降低分类精度。基于以上问题，目前利用卫星遥感技术进行作物分类主要有两种方式：一是从高空间分辨率影像中识别不同作物。作物识别分类精度的提高，需要利用多个时相的数据，同时结合一些辅助特征（如高程信息和纹理特征等）开展分类识别。在比较大的种植区域，经常会采用面向对象的分类方法，减少破碎度，以提高分类精度。二是利用时间序列数据，对作物种植模式或生长物候期进行分析，开展作物种植面积监测或者农田地块识别（姬旭升等，2019）。多时相遥感数据可以描绘作物不同生育期的长势特征，具有较强的甄别不同作物的能力。通过多时相遥感数据对水稻不同生育期长势特征的提取，可最大化识别水稻与其他作物光谱特征的差异，实现对水稻识别与种植面积估测。

表 8－2 列出了目前常用的作物类型识别和种植面积监测方法。这些监测方法涉及以下几个过程，选择遥感分类的特征波段，选择地物的训练样本、影像并对影像开展地面调查，并获取不同作物的种植面积。

表 8－2　常用的作物类型识别和种植面积监测方法

方法种类	方法	算法
像元级分类	监督分类	最大似然法
		支持向量机
		平行六面体法
		人工神经网络
	非监督分类	重复自组织数据分析法
		k 均值
	决策树分类	决策树
亚像元级分类	端元提取	像元纯度指数
		端元识别算法
		迭代误差分析法
		空谱联合端元提取法
	混合像元分解	最小二乘法
		几何光学模型
		概率模型
		高次多项式模型
对象级分类	多特征面向对象农作物分类	多尺度分割法
		深度学习
	时间序列面向农作物分类	阈值法
		决策树分类

8.2.2　水稻识别与种植面积估测实例

1. 基于植被指数选择算法和决策树的水稻识别

研究以江西省南昌县为研究对象，采用陆地卫星8号（Landsat－8）的陆地成像仪（Operational land imager，OLI）采集的遥感影像为主要数据，采用ENVI软件进行辐射定标，FLAASH（Fast line－of－sight atmospheric analysis of spectral hypercubes）大气校正模型进行大气校正，C模型进行地形校正，得到地表反射率。影像投影为UTM、Zone50N，基准面为WGS－84；后期对影像做了不规则裁剪、波段重组等预处理。采用IDL计算主要的植被指数。

在采用植被指数识别作物类型、提取水稻种植面积时，需要结合环境特征选择植被指数。常见的植被指数选择方法，主要根据是否使用样本信息分为监督和非监督的方法（Ferenc，2007）。基于样本的监督植被指数选择方法能够反映区域环境特征，较之基于统计特征的非监督的选择方法，更易获取最能区分研究区内作物类型特征的植被指数。将相关系数引入植被指数选择算法中，利用马氏距离选择最适宜的植被指数集合（汪西莉等，2004），构建决策树模型（图8－2），识别并提取水稻面积（孙滨峰等，2019）。

2018年，南昌市耕地面积约33.44万hm^2，约占全市国土面积的38%；其中稻田面积18.76万hm^2，约占农田面积的56%。

2. 基于时间序列的水稻识别与面积估测

水稻一生包括幼苗期、分蘖期、拔节期、孕穗期、抽穗扬花期和灌浆成熟期等主要生育阶段，每个阶段具有不同的光谱特征。通过多时相遥感数据对水稻不同生育期长势特征的提取，可甄别水稻与其他作物光谱特征的差异，实现对水稻的精准识别。

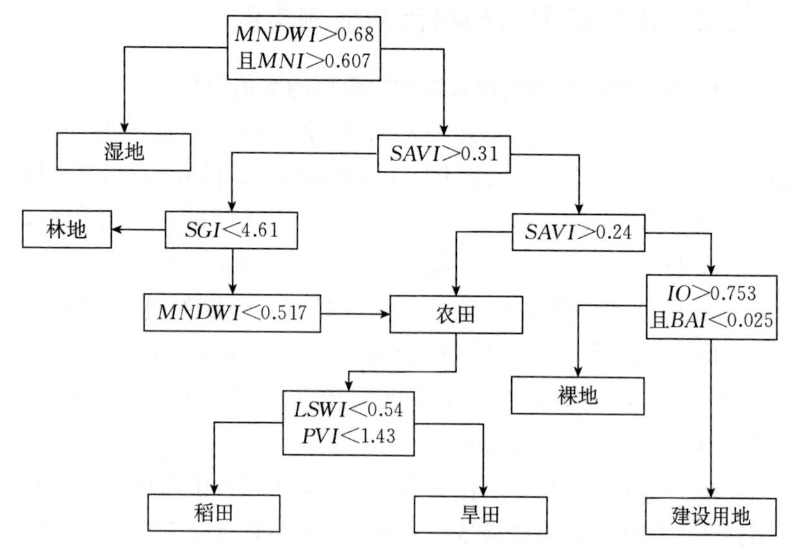

图 8-2　基于决策树的稻田识别

注：*MNDWI* 为改进归一化水体指数，*TDVI* 为转换差值植被指数，*SAVI* 为土壤调整植被指数，*SGI* 为绿度总和指数，*IO* 为氧化铁比率，*BAI* 为燃烧面积指数，*LSWI* 地表水分指数，*PVI* 垂直植被指数。

采用遥感时序数据实现区域尺度水稻种植模式的识别是一个难点。首先，水稻品种、局地气候与地形的差异导致了水稻物候特征在区域尺度上的时空异质性；其次，云影问题、天气影响和传感器引入的噪声导致了遥感时序数据的失真，致使水稻物候特征发生偏差。

3. 遥感数据预处理

以江西为例，采用 MODIS 增强型植被指数（Enhanced vegetation index，EVI）为数据源开展基于时间序列水稻识别与面积估测研究。受云等大气条件和天气条件的影响，EVI 时间序列数据集部分 EVI 数值异常。通过对原始 EVI 影像进行插值滤波处理可消除 EVI 产品的云污染以及其他因素的影响。S-G

（Savitzky - Golay）滤波能够较好地平滑 EVI 曲线，反映植被变化趋势，且具有实现简单、先验知识少等优点，采用 S - G 滤波重构了江西水稻 EVI 的年度数据集（图 8 - 3）。

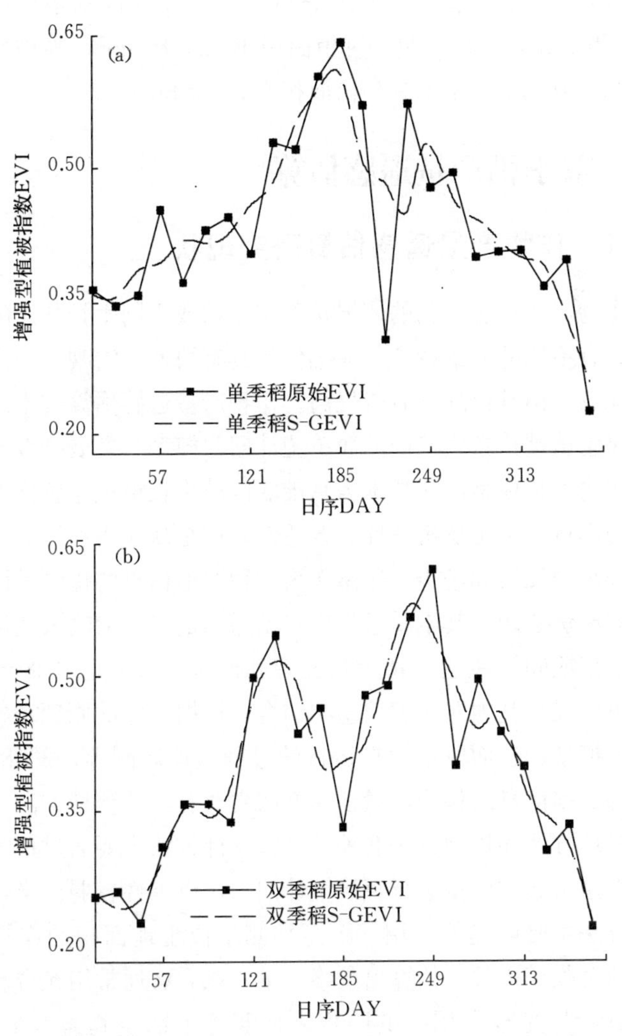

图 8 - 3　单、双季稻 EVI 和 S - G 滤波曲线对比

4. 基于 Shapelets 的水稻种植面积识别

采用水稻分布图掩盖 EVI 年度数据中的非水稻位置，生成水田 EVI 时间序列数据集；然后开展基于 Shapelets 的时间序列分类研究，生成水稻种植模式分布。2017 年江西水稻种植面积 350.4 万 hm^2，其中，早稻种植面积 127.9 万 hm^2，晚稻种植面积 136.7 万 hm^2，单季晚种植面积 85.8 万 hm^2。

8.3 双季稻产量遥感估算

8.3.1 作物产量遥感估算研究现状

作物产量遥感估测的依据是不同作物或不同生长状态的作物群体具有不同的光谱特性。遥感估产具有快速、宏观、经济和客观等优点，但其机理性有待提高。作物产量遥感估算技术从初期的以遥感植被指数为基础的简单统计回归模型，发展到今天以遥感与作物生长模型同化技术为基础的区域生长模拟遥感模型来预测作物产量，不论从机理性、普适性，还是从应用性方面，都取得了长足的发展和进步。遥感作为一种对地信息的探测手段，用于作物产量监测，其本质过程仍然是遥感信息作为输入变量或参数，直接或间接表达作物生长发育和产量形成过程中的影响因素，单独或与其他非遥感信息相结合，依据一定的原理和方法构建产量模型，进而驱动模型运行的过程（徐新刚等，2008）。基于遥感数据信息的作物产量估算方法主要有经验统计方法、半经验半机理方法和机理方法 3 种。经验统计方法主要通过单个生育期的光谱指数和产量进行直接统计回归，机理性较弱。半经验半机理方法主要以光能利用率模型估测单位土地面积的作物生物量，结合收获指数，估算出最终产量。该方法通常用光合有效辐射的总量与光合利用率的乘积来估测地上部生物量（Yuan et al.，2014）。机理方法将作物模拟模型的机理性、科学性与遥感信息获取技术的快速、宏观、动态等优点相结合，实现作物模拟模型从单点到区域的估产应用。虽然遥感模型耦合的方法参数在估测上有一定的精度优势，但这类方法建立的产量估测模型可能存在参数过多、模型复杂的问题。

作物遥感估产包括 3 个步骤：一是通过分析遥感影像数据估算作物种植面积；二是通过分析遥感影像数据提取作物相应的植被指数，监测作物长势状况；三是构建基于植被指数和作物产量及其他气象农学参数等资料的产量估算模型，再结合种植面积计算得到总产量（焦险峰等，2005）。作物估产的遥感模型可监测作物生长信息进而估测作物产量，能够降低成本、大面积定量预报和评价不同地区与栽培条件下作物产量的变异状况。

8.3.2　基于多源遥感数据融合的双季稻产量遥感估算

（1）数据预处理。针对 Landsat、MODIS 和无人机遥感数据源，分别采用 5 种主流遥感数据时空融合模型开展数据融合研究，定性、定量评价融合效果，选取本研究所需融合模型。通过选取适当研究区，开展产量构成要素和实际产量的测算，分析 EVI 与水稻产量以及产量构成要素间的相互关系，建立水稻产量估算模型。

采用时间序列数据平滑模型和遥感数据融合模型，融合较高空间分辨率的 Landsat 影像和高时间分辨率的 MODIS 影像，构建江西双季稻长势数据集；分析在不同生育期，双季稻植被指数与产量的关系，建立基于植被指数的产量模型；评估不同模型的准确性，构建双季稻多模型估产系统。

数据融合的技术流程如图 8－4，首先对逐像素的时间序列 MODIS EVI 进行 S－G（Savitzky－Golay）滤波处理，然后采用 ESTARFM 模型对滤波后的时序 MODIS EVI 和 Landsat EVI 进行融合，获得时间分辨率为 8 d、空间分辨率为 30 m 的融合

EVI，并采用相关系数 r，均方根误差 RMSE 和方差 Variance 对融合结果进行统计分析。

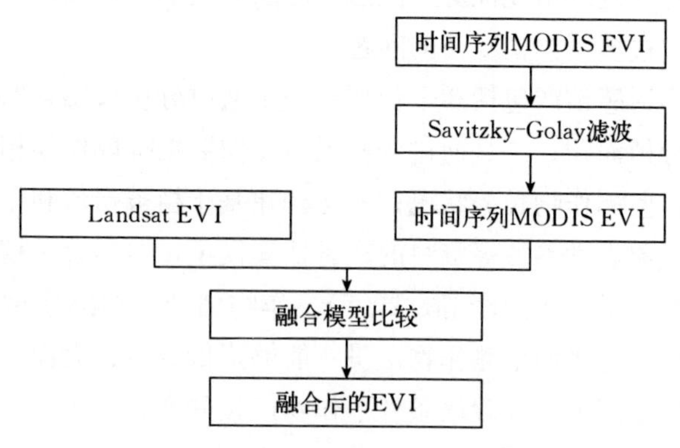

图 8-4　数据融合的技术流程

（2）产量预测。EVI 被广泛地应用于水稻产量预测中（李文梅等，2010），即分析 EVI 和产量间的定量关系，开展双季稻产量估测研究。由表 8-3 可知，EVI 与早、晚稻产量之间在不同的生育期存在不同的相关性。因此，构建基于植被指数的双季稻产量模型开展双季稻估产研究具有可行性。

表 8-3　双季稻产量与不同生育期 EVI 的相关系数

作物	移栽期	分蘖期	拔节期	抽穗期	齐穗期	成熟期
早稻	0.04	0.14	0.18	0.38	0.46	0.10
晚稻	0.12	0.18	0.36	0.41	0.48	0.15

在模型的尝试上进行了拓宽，以双季稻不同生育期的 EVI 数据作为模型输入参数，分别采用贝叶斯岭回归、一般线性回归、弹性网络、支持向量机和梯度提升算法构建反演模型，比较选择最优结果。根据表 8-3，EVI 与双季稻的产量在抽穗期和齐穗期具有最大的相关性，即基于植被指数的产量模型可提前

1～2个月有效地预测水稻的产量（Son et al.，2014）。表 8－4 是对早稻、晚稻采用五种反演模型拟合结果的比较。

表 8－4　双季稻产量模型比较

作物	模型	回归方差	平均绝对误差	均方误差	R^2
早稻	Bayesian Ridge	0.20	25.02	118.75	0.20
	Linear Regression	0.21	24.96	117.97	0.21
	Elastic Net	0.12	28.15	146.22	0.02
	SVR	0.11	26.6	133.17	0.04
	Gradient Boosting Regressor	0.96	5.87	54.17	0.96
晚稻	Bayesian Ridge	0.18	25.92	115.93	0.20
	Linear Regression	0.19	27.01	111.69	0.21
	Elastic Net	0.14	28.35	134.23	0.02
	SVR	0.11	28.74	135.04	0.04
	Gradient Boosting Regressor	0.94	6.87	27.17	0.94

梯度提升算法构建的模型较其他回归算法具有最高的回归方差和 R^2，其拟合的误差也最小，拟合效果最佳（图 8－5）。

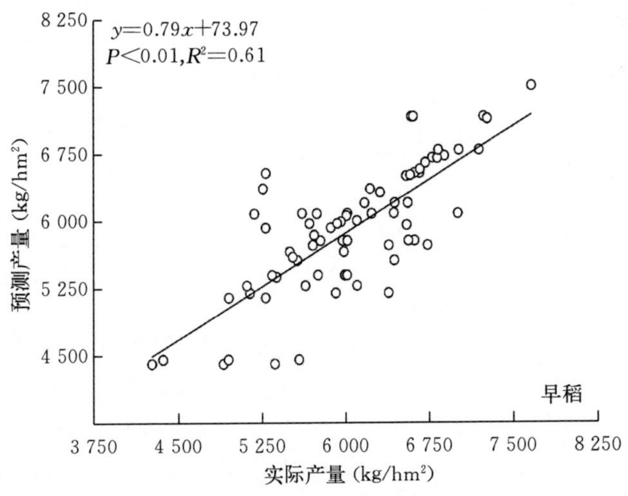

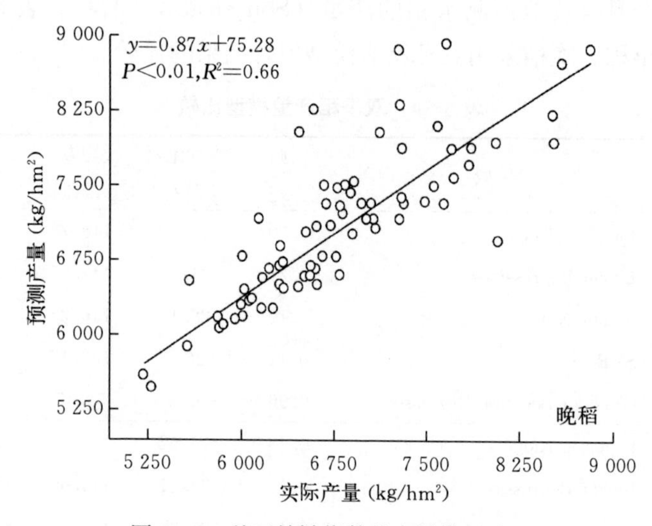

图 8-5　基于植被指数的产量模型验证

第 9 章 双季稻生长无损监测应用系统的设计与实现

随着基于多平台、多传感器的农作物无损监测技术的快速发展，如何将物联网技术、云计算技术等农业高新技术，农业大数据技术和移动互联网技术耦合形成农作物监测数据存储处理和智能管理系统等软件平台，已成为推动智慧农业快速发展的瓶颈之一。智慧农业管理平台系统是作物生长无损监测技术转化应用的重要载体与物化产品，可为作物生产、管理、科教和推广等部门用户在实施应用作物生长无损监测技术时提供数据分析处理与决策支持等服务，从而实现对作物生境信息与长势信息的实时监测与定量分析、作物营养盈亏状况的精确诊断、作物肥水调控方案的智能决策及作物区域生产力的预测预警等。光谱图像技术通过反映作物生长过程的特征性因子来综合表征作物长势及其变化动态。实时无损监测主要指利用实时 RGB 图像、多光谱和高光谱图像的值与去年、多年平均以及指定某一年的同期相关数据的对比，反映实时的作物生长差异状况，通过年际间数据的差值来反映两者间的差异。另外，通过多年数据的积累，可以计算出植被指数同期的平均值，然后以植被指数与年值的差值作为衡量指标，判断当年作物长势优劣，评价当年作物长势状况，并通过光谱和图像技术实现对作物生长的无损监测。本章将详细介绍双季稻生长无损监测系统的设计、开发、实现和典型实例。

9.1 系统架构与数据库设计

9.1.1 系统的架构与开发方法

为了能充分地利用丰富的光谱、图像等双季稻长势的多源监测信息，多元统计、人工智能机器学习算法等数据处理技术被用来分析和提取双季稻监测数据。其中，植被指数计算模型、色彩指数计算模型、偏最小二乘回归和主成分分析等方法被广泛地用于确定光谱核心波段、敏感光谱参数以及有效植被指数和色彩指数的研究（Cao et al.，2017；Yao et al.，2010），而红边参数由于能反映光谱反射率的吸收特征，也常被用于高光谱数据的分析工作中（Li et al.，2019）。然而由于多源数据的特殊性、处理和分析方法的复杂性，用户往往难以处理，而一般的统计软件并不能提供所有光谱和图像数据的处理方法，这些因素制约着实际应用中双季稻长势数据的深度挖掘。针对以上问题，构建双季稻长势监测系统，其系统架构见图 9-1。

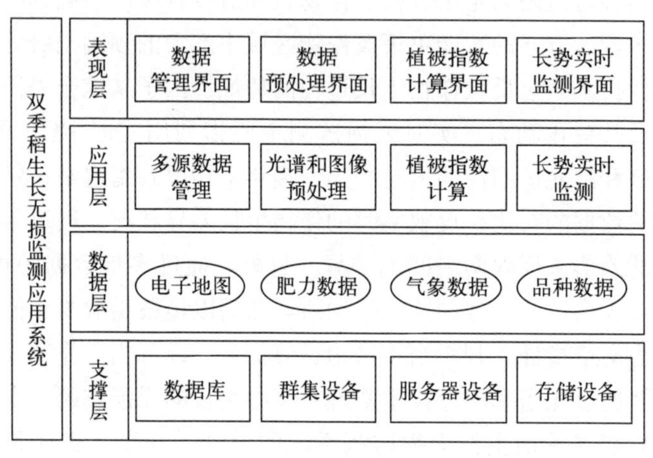

图 9-1　双季稻生长无损监测应用系统

采用基于 C#.NET 集成 Python 开展双季稻生长无损监测的混合语言编程开发方法，运用模块化、组件化、系统化开发的同时，还能够充分利用 Python 对高性能计算的支持，从而有效提升数据的处理效率（图 9－2）。

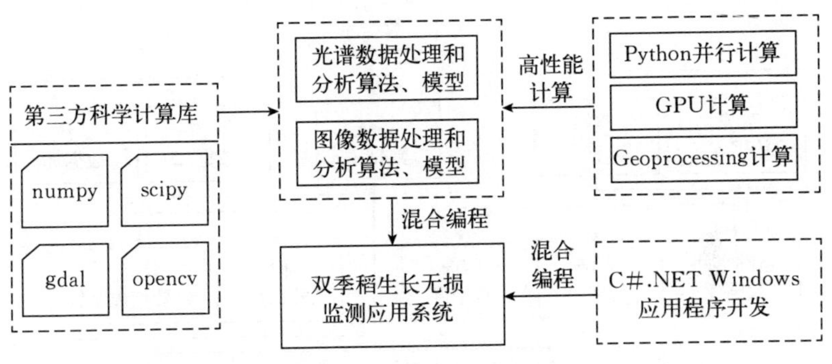

图 9－2　系统开发模式

9.1.2　数据库设计

数据库设计一般分为四个阶段：需求分析、概念设计、逻辑设计和物理设计。关系数据库是由实体和属性组成的。在关系数据库的设计阶段，主要分析需要存储或处理的数据，根据数据之间固有的语义关联建立抽象的数据模型，并将具有公共模型框架的对象作为实体。

双季稻生长无损监测应用系统的数据库应包含不同类型和格式的信息数据。应考虑数据库系统的选择、组成、元数据标准等问题，并考虑数据特点和应用需求。通过业务流程建立数据关联。存储在数据库中的各种数据、通用算法和参数可供多个业务流程使用。数据库设计应确保相关信息数据正确地分布到数据库的表中。正确的数据结构不仅方便了数据库的操作，而且简化了应用程序的内容。根据数据性质，系统数据库分为空间数据库、非空间数据库、参数数据库、共享数据库、元数据库和管理维护数据库。按业务分为农田数据库、作物品种数据库、气象数据库等（图 9-3）。

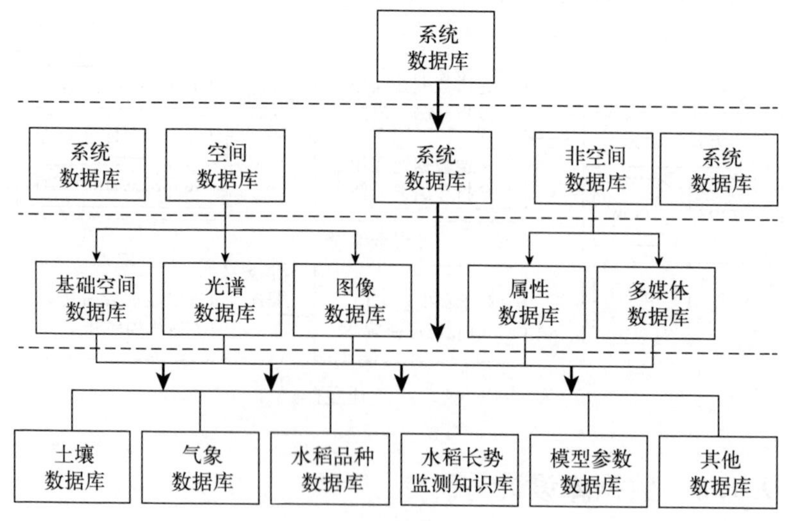

图 9-3　系统数据库构成

9.2　系统的主要功能模块

双季稻生长无损监测应用系统集成了多源监测数据管理、监测数据预处理、光谱指数法、图像分析、机器学习法等光谱数据处理和分析功能。其中，光谱指数法涵盖了单波段光谱指数、双波段光谱指数、红边参数等常用光谱指数的计算和分析。图像分析包括颜色指数计算、图像分割和特征提取。多元线性回归法模型包括逐步回归、主成分回归和偏最小二乘回归。机器学习法包括支持向量机、决策树、决策树聚类、神经网络等建模方法（图 9-4）。下面介绍系统的主要功能。

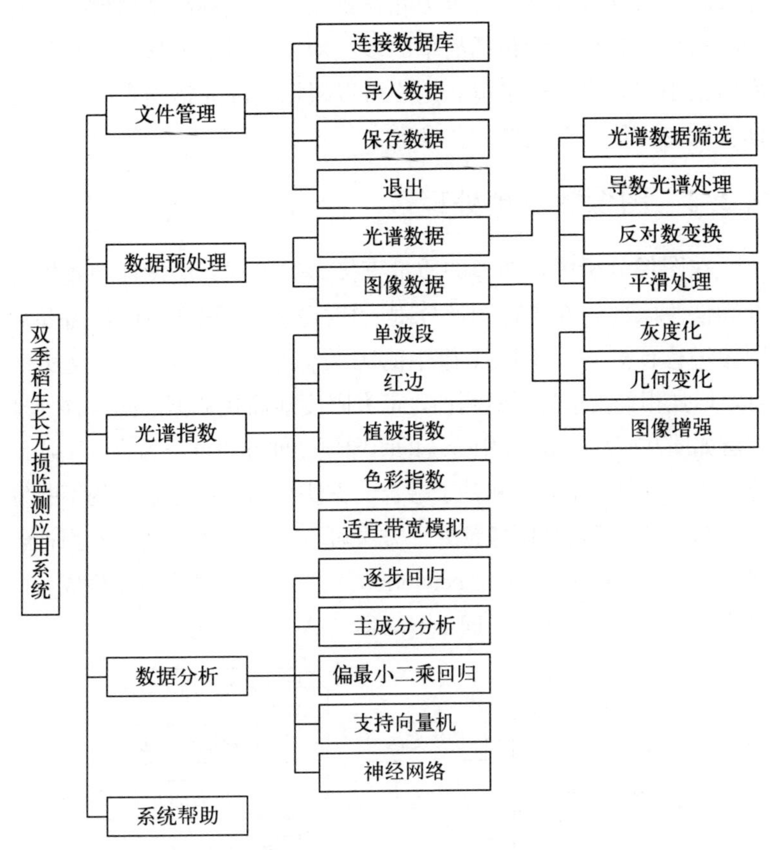

图9-4　系统主要功能

9.2.1　光谱数据处理

为了最大限度地利用高光谱图像数据中的有效光谱信息，消除噪声、样品背景和杂散光对模型预测性能的影响，需要对光谱数据进行预处理（褚小立等，2011）。数据预处理模块主要考虑田间实测光谱数据的特点，设计了光谱数据的筛选、导数光谱处理、反对数变换、平滑和多元散射校正。光谱导数处理包括一阶导数和二阶导数处理，可以去除背景噪声，挖掘高光谱数据中的隐藏信息。数据平滑包括简单的多点均值平滑、内核平滑和移动窗口最小二乘多项式平滑，用户可以根据实际光谱噪声的特点选择合适的方法，并设置相关参数。

9.2.2 图像数据预处理

在图像分析中，图像的质量直接影响识别算法设计和效果的准确性。因此，在进行图像分割、特征提取和识别之前，需要对图像进行预处理，消除图像中的无关信息，恢复有用的真实信息，增强相关信息的可检测性，最大限度地简化数据。图像预处理方法如图 9-5 所示，其中传统的图像预处理方法可分为直方图均衡化方法、颜色校正方法和基于融合的方法。随着机器学习的不断发展，基于机器学习的图像预处理方法可分为两大类：基于卷积神经网络（Convolutional neural networks，CNN）的方法和基于生成对抗网络（Generative adversarial network，GAN）的方法。

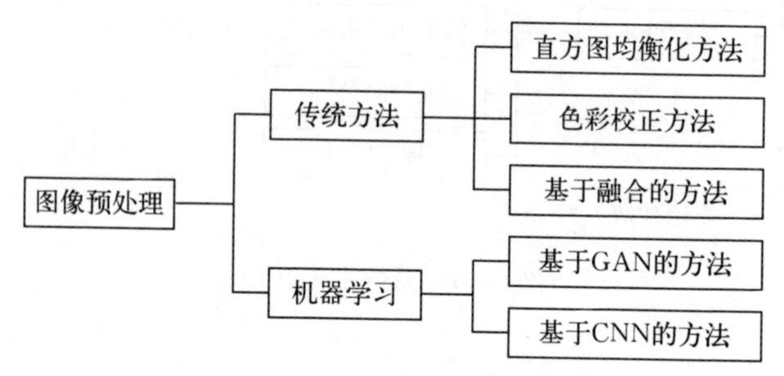

图 9-5　图像处理的主要方法

9.3 系统的实现与评价

系统采用 C# 和 Python 混合编程的技术，即利用 C# 完成用户界面的设计，光谱数据和图像数据处理的具体算法由 Python 调用 scipy、numpy、gdal、cv2 等程序扩展库来完成。通过调用 Python 算法模块，实现对双季稻生长监测数据的分析与处理。系统可以运行在 Windows7 及以上版本，基于 Python3.7 实现数据库操作、气象数据选择、光谱和图像指数计算和数据分析（图 9-6 至图 9-9）。

连接数据库，选择数据库中的早稻的无人机监测数据。在系统中可显示该数据和相关的植被指数或色彩指数（图 9-6）。在该界面下可调用数据分析、图像处理、氮素监测和氮素调控等模块处理数据。

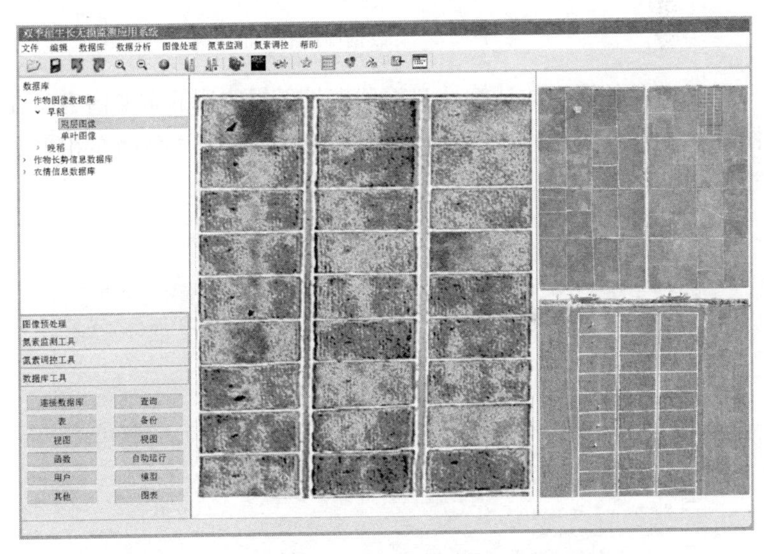

图 9-6 双季稻生长无损监测应用系统主界面

数据库操作是双季稻生长无损监测系统的重要组成。图 9-7 显示了数据库操作的主要界面。界面上部是数据库操作的工具条，包括数据库连接、建立查询、构建表、构建视图和数据更新。左侧目录栏显示了包括降水、温度、水稻等相关数据库，在右侧的视图中显示了数据库中的表名、创建者、创建时间和修改时间。

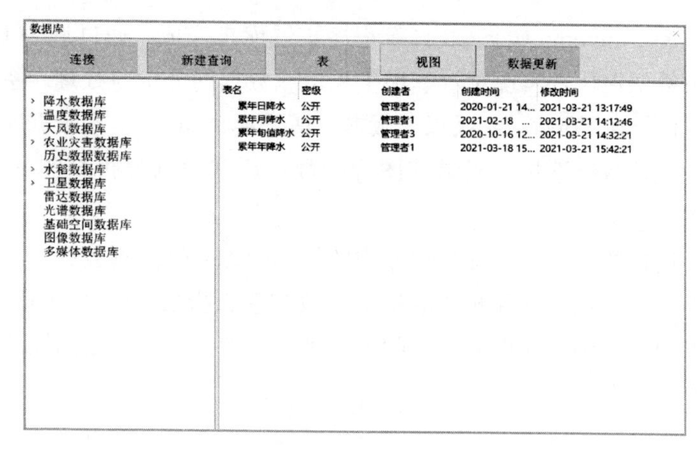

图 9-7 数据库操作

光谱和色彩指数计算是双季稻生长无损监测的重要内容。在图 9-8 中，可选择双季稻监测所需要的指数，并存储在相关数据库中。

光谱和色彩指数计算

指数计算：

- Normalised Difference Index(NDI)
- Excess Green Index (EXG)
- difference of green and red channel (GMR)
- Vegetative Index (VEG)
- Excess Red Index (EXR)
- Dark green colour index (DGCI)
- INI
- Combined Indices 1 (COM1)
- Modified Excess Green Index (MEXG)
- Normalised Green - Red Difference Index (NGRDI)
- Combined Indices 2 (COM2)
- Kawashima index
- Colour Index of Vegetation Extraction (CIVE)
- Excess Green minus Excess Red Index (EXGR)
- Red green ratio index (RGRI)
- Green leaf index (GLI)
- Visible atmospherically resistance index (VARI)
- Principal component analysis index (IPCA)
- Normalised Red Index (NRI)
- Normalised Green Index (NGI)
- Normalised Blue Index (NBI)

全选

取消全选

确定

退出

图 9-8 光谱和色彩指数计算

图 9－9 是开展水稻冠层叶片氮含量的逐步回归分析的界面。在该界面中可选择所需波段的起始波段、终止波段、波段间隔和所需波段数，调用 Scipy 中的相关函数选择前向逐步分析或后向逐步分析，实现逐步回归分析，拟合多元线性回归模型。

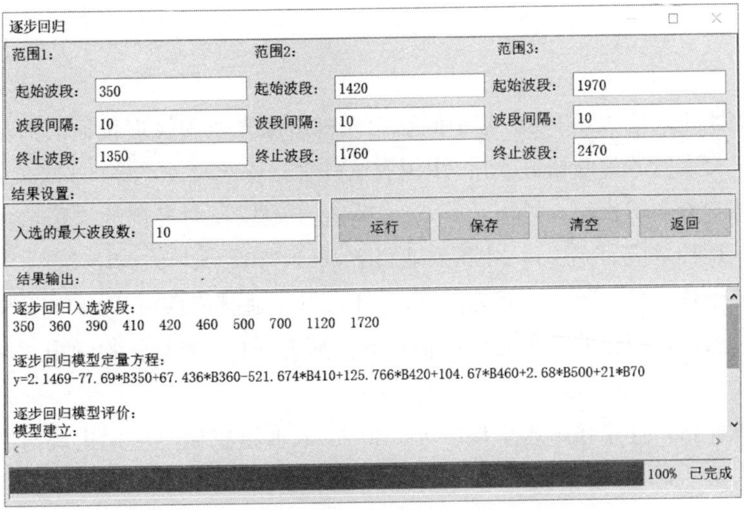

图 9－9　水稻冠层叶片氮含量的逐步回归分析

参考文献

REFERENCES

陈鹏飞，梁飞，2019. 基于低空无人机影像光谱和纹理特征的棉花氮素营养诊断研究［J］. 中国农业科学，52（13）：2220－2229.

陈青春，田永超，姚霞，等，2010. 基于冠层反射光谱的水稻追氮调控效应研究［J］. 中国农业科学，43（20）：4149－4157.

陈艳玲，顾晓鹤，宫阿都，等，2018. 基于遥感信息和WOFOST模型参数同化的冬小麦单产估算方法研究［J］. 麦类作物学报，38（9）：1127－1136.

陈仲新，任建强，唐华俊，等，2016. 农业遥感研究应用进展与展望［J］. 遥感学报，20（5）：748－767.

曹卫星，程涛，朱艳，等，2020. 作物生长光谱监测［M］. 北京：科学出版社.

曹中盛，李艳大，叶春，等，2020. 基于高光谱的双季稻分蘖数监测模型［J］. 农业工程学报，36（4）：185－192.

高林，杨贵军，李红军，等，2016. 基于无人机数码影像的冬小麦叶面积指数探测研究［J］. 中国生态农业学报，24（9）：1254－1264.

黄文江，师越，董莹莹，等，2019. 作物病虫害遥感监测研究进展与展望［J］. 智慧农业，1（4）：1－11.

何勇，彭继宇，刘飞，等，2015. 基于光谱和成像技术的作物养分生理信息快速检测研究进展［J］. 农业工程学报，31（3）：174－189.

胡著智，王慧麟，陈钦峦，1999. 遥感技术与地学应用［M］. 南京：南京大学出版社：1-5.

何东健，2003. 数字图像处理［M］. 西安：电子科技大学出版社.

侯平，陈荦，程果，2010. 一种多时相遥感影像存储管理的新方法［J］. 兵工自动化，29（3）：63-67.

江杰，张泽宇，曹强，等，2019. 基于消费级无人机搭载数码相机监测小麦长势状况研究［J］. 南京农业大学学报，42（4）：622-631.

姬旭升，李旭，万泽福，等，2019. 基于高空间分辨率卫星影像的新疆阿拉尔市棉花与枣树分类［J］. 中国农业科学，52（6）：48-59.

焦险峰，杨邦杰，裴志远，等，2005. 基于植被指数的作物产量监测方法研究［J］. 农业工程学报，21（4）：104-108.

贾彪，钱瑾，马富裕，2015. 氮素对膜下滴灌棉花叶面积指数的影响［J］. 农业机械学报，46（2）：79-87.

李艳大，曹中盛，舒时富，等，2021. 基于作物生长监测诊断仪的双季稻叶干重监测模型［J］. 作物学报，47（10）：2028-2035.

李艳大，孙滨峰，曹中盛，等，2020a. 基于作物生长监测诊断仪的双季稻叶面积指数监测模型［J］. 农业工程学报，36（10）：141-149.

李艳大，叶春，曹中盛，等，2020b. 基于作物生长监测诊断仪的双季稻叶片氮含量和氮积累量监测［J］. 应用生态学报，31（9）：3040-3050.

李艳大，舒时富，陈立才，等，2019a. 基于便携式作物生长监测诊断仪的江西双季稻氮肥调控研究［J］. 农业工程学报，35（2）：100-106.

李艳大，曹中盛，孙滨峰，等，2020c. 江西双季稻氮素监测诊断模型的建立与应用［J］. 应用生态学报，31（2）：433-440.

李艳大，黄俊宝，叶春，等，2019b. 不同氮素水平下双季稻株型与冠层内光截获特征研究 [J]. 作物学报，45 (9)：1375-1385.
李艳大，舒时富，陈立才，等，2017. 基于归一化法的双季稻叶面积指数动态预测模型 [J]. 中国农学通报，33 (29)：77-84.
刘丽，匡纲要，2009. 图像纹理特征提取方法综述 [J]. 中国图象图形学报 (4)：622-635.
刘轲，周清波，吴文斌，等，2016. 基于多光谱与高光谱遥感数据的冬小麦叶面积指数反演比较 [J]. 农业工程学报，32 (3)：155-162.
刘杨，冯海宽，黄珏，等，2021. 基于无人机高光谱影像的马铃薯株高和地上生物量估算 [J]. 农业机械学报，52 (2)：188-198.
林维潘，李怀民，倪军，等，2020. 基于便携式三波段作物生长监测仪的水稻长势监测 [J]. 农业工程学报，36 (20)：203-208.
李文梅，覃志豪，李文娟，等，2010. MODIS NDVI 与 MODIS EVI 的比较分析 [J]. 遥感信息 (6)：73-78.
梅安新，2001. 遥感导论 [M]. 北京：高等教育出版社.
倪军，姚霞，田永超，等，2013. 便携式作物生长监测诊断仪的设计与试验 [J]. 农业工程学报，29 (6)：150-156.
乔红波，师越，司海平，等，2015. 基于无人机数字图像与高光谱数据融合的小麦全蚀病等级的快速分类技术 [J]. 植物保护，41 (6)：157-162.
秦占飞，常庆瑞，谢宝妮，等，2016. 基于无人机高光谱影像的引黄灌区水稻叶片全氮含量估测 [J]. 农业工程学报，32 (23)：77-85.
覃夏，王绍华，薛利红，2011. 江西鹰潭地区早稻氮素营养光谱诊断模型的构建与应用 [J]. 中国农业科学，44 (4)：691-698.
孙滨峰，赵红，陈立才，等，2019. 基于植被指数选择算法和决策树的生态系统识别 [J]. 农业机械学报，5 (6)：194-200.
邵华，石庆华，郭熙，等，2015. 基于冠层高光谱的南方丘陵地区晚稻氮素营养诊断 [J]. 江西农业大学学报，37 (6)：975-981.
宋勇，陈兵，王琼，等，2021. 无人机遥感监测作物病虫害研究进展 [J]. 棉花学报，33 (3)：291-306.

史舟，梁宗正，杨媛媛，等，2015. 农业遥感研究现状与展望 [J]. 农业机械学报，46 (2)：247-260.

唐华俊，2018. 农业遥感研究进展与展望 [J]. 中国农业文摘—农业工程 (5)：6-8.

陶惠林，冯海宽，杨贵军，等，2020. 基于无人机成像高光谱影像的冬小麦 LAI 估测 [J]. 农业机械学报，51 (1)：176-187.

汤亮，朱相成，曹梦莹，等，2012. 水稻冠层光截获、光能利用与产量的关系 [J]. 应用生态学报，23 (5)：1269-1276.

田明璐，班松涛，常庆瑞，等，2016. 基于低空无人机成像光谱仪影像估算棉花叶面积指数 [J]. 农业工程学报，32 (21)：102-108.

王春媛，2014. 遥感图像几何校正及目标识别技术研究 [D]. 哈尔滨：哈尔滨工业大学.

王利民，刘佳，杨福刚，等，2017. GF-1 卫星多时相组合近红外数据水稻识别能力 [J]. 农业工程学报，33 (23)：196-202.

王利民，刘佳，杨福刚，等，2018. 基于 GF-1 卫星遥感数据识别京津冀冬小麦面积 [J]. 作物学报，44 (5)：762-773.

王利民，姚保民，刘佳，等，2019. 基于 SWAP 模型同化遥感数据的黑龙江南部春玉米产量监测 [J]. 农业工程学报，35 (22)：285-295.

吴芳，李映雪，张缘园，等，2019. 基于机器学习算法的冬小麦不同生育时期生物量高光谱估算 [J]. 麦类作物学报，39 (2)：217-224.

王莺，巩垠熙，2019. 遥感光谱技术在农作物估产中的应用研究进展 [J]. 中国农学通报，35 (3)：69-75.

汪西莉，焦李成，2004. 一种基于马氏距离的支持向量快速提取算法 [J]. 西安电子科技大学学报（自然科学版），31 (4)：639-643.

魏永霞，杨军明，吴昱，等，2018. 基于多源数据融合模型的水稻

面积提取 [J]. 农业机械学报，49 (10)：300-306.

邢会敏，李振海，徐新刚，等，2017. 基于遥感和 AquaCrop 作物模型的多同化算法比较 [J]. 农业工程学报，33 (13)：183-192.

徐新刚，吴炳方，蒙继华，等，2008. 农作物单产遥感估算模型研究进展 [J]. 农业工程学报，24 (2)：290-298.

徐新刚，赵春江，王纪华，等，2011. 新型光谱曲线特征参数与水稻叶绿素含量间的关系研究 [J]. 光谱学与光谱分析，31 (1)：188-191.

王红丽，2017. 基于地面 LiDAR 的水稻生物量高精度反演 [D]. 乌鲁木齐：新疆大学.

姚霞，2009. 小麦冠层和单叶氮素营养指标的高光谱监测研究 [D]. 南京：南京农业大学.

叶春，刘莹，李艳大，等，2020. 基于 RGB 颜色空间的早稻氮素营养监测研究 [J]. 中国农业大学学报，25 (8)：25-34.

杨钧森，杨贵军，徐波，等，2019. 田间作物 NDVI 测量仪可靠性分析及标定环境研究 [J]. 农业工程学报，35 (8)：230-236.

杨贵军，柳钦火，杜永明，等，2013. 农田辐射传输光学遥感成像模拟研究综述 [J]. 北京大学学报：自然科学版，49 (3)：537-544.

赵春江，2014. 农业遥感研究与应用进展 [J]. 农业机械学报，45 (12)：277-293.

张猛，孙红，李民赞，等，2016. 基于 4 波段作物光谱测量仪的小麦分蘖数预测 [J]. 农业机械学报，47 (9)：341-347.

周丽娜，程树朝，于海业，等，2017. 初期稻叶瘟病害的叶绿素荧光光谱分析 [J]. 农业机械学报，48 (2)：203-207.

张鹏鹏，2020. 基于 LiDAR 数据的成熟水稻主要属性参数反演关键技术研究 [D]. 镇江：江苏大学.

张晓翠，吕川根，胡凝，等，2012. 不同株型水稻叶倾角群体分布的模拟 [J]. 中国水稻科学，26 (2)：205-210.

褚小立，袁洪福，2011. 近红外光谱分析技术发展和应用现状［J］. 现代仪器，5（17）：1-4.

张薇，于硕，2015. 数字图像处理综述［J］. 通讯世界（18）：258-259.

朱相成，汤亮，张文宇，等，2012. 不同品种和栽培条件下水稻冠层光合有效辐射传输特征［J］. 中国农业科学，45（1）：34-43.

邹应斌，2011. 长江流域双季稻栽培技术发展 . 中国农业科学，44（2）：254-262.

赵英时，2003. 遥感应用分析原理与方法［M］. 北京：科学出版社.

赵欣欣，陈焕轩，韩迎春，等，2021. 数字图像监测作物生长特征的研究进展［J］. 中国农学通报，37（4）：146-153.

Bendig J，BoltenA，Bennertz S.，et al.，2014. Estimating biomass of barley using crop surface models（CSMs）derived from UAV based RGB imaging［J］. Remote Sensing，6（11）：10395-10412.

Cao Z S，Cheng T，Ma X，et al.，2017. A new three-band spectral index for mitigating the saturation in the estimation of leaf area index in wheat［J］. International Journal of Remote Sensing，38（13）：3865-3885.

Colnenne C，Meynard J M，Reau R，et al.，1998. Determination of a critical nitrogen dilution curve for winter oilseed rape［J］. Annals of Botany，81（2）：311-317.

Ferenc K，2007. Assessment of regional variations in biomass production using satellite image analysis between 1992 and 2004［J］. Transactions in GIS，11（6）：911-926.

Greenwood D J，Gastal F，Lemaire G，et al.，1977. Growth rate and % N of field grown crops：Theory and experiment［J］. Annals of Botany，67：181-190.

Geipel J，Link J，Claupein W，2014. Combined spectral and spatial modeling of corn yield based on aerial images and crop surface models acquired with an unmanned aircraft system［J］. Remote Sensing，6（11）：10335－10355.

Gitelson A A，2013. Remote estimation of crop fractional vegetation cover：the use of noise equivalent as an indicator of performance of vegetation indices [J]. International Journal of Remote Sensing，34（17）：6054－6066.

Haboudane D，Miller J R，Pattey E，et al.，2004. Hyperspectral vegetation indices and novel algorithms for predicting green LAI of crop canopies：Modeling and validation in the context of precision agriculture [J]. Remote Sensing of Environment，90：337－352.

He J Y，Zhang X B，Guo W T，et al.，2020. Estimation of vertical leaf nitrogen distribution within a rice canopy based on hyperspectral data [J]. Frontiers in Plant Science，10：1－15.

He Z Y，Qiu X L，Li Y D，et al.，2017. Development of a critical nitrogen dilution curve of double cropping rice in south China [J]. Frontiers in Plant Science，8：1－14.

Huang S Y，Miao Y X，Yuan F，et al.，2017. Potential of RapidEye and WorldView－2 satellite data for improving rice nitrogen status monitoring at different growth stages [J]. Remote Sensing，9：227.

Hunt E R，Hively W D，Fujikawa S J，et al.，2010. Acquisition of NIR－green－blue digital photographs from unmanned aircraft for crop monitoring [J]. Remote Sensing，2（1）：290－305.

Jacquemoud S，Ustin S L，2009. Modeling leaf optical properties. Photobiological Sciences Online（http：//photobiology. info/Jacq_Ustin. html）.

Kuwata K，Shibasaki R，2015. Estimating crop yields with deep learning and remotely sensed data [C] // 2015 IEEE International Geoscience and Remote Sensing Symposium（IGARSS）：858－861.

Li S，Yuan F，Ata－Ul－Karim S T，et al.，2019. Combining color

indices and textures of UAV - based digital imagery for rice LAI estimation [J]. Remote Sensing, 11: 1763.

Li D, Cheng T, Jia M, et al., 2018. PROCWT: coupling PROSPECT with continuous wavelet transform to improve the retrieval of foliar chemistry from leaf bidirectional reflectance spectra [J]. Remote Sensing of Environment, 206: 1 - 14.

Li D, Tian L, Wan Z, et al., 2019. Assessment of unified models for estimating leaf chlorophyll content across directional - hemispherical reflectance and bidirectional reflectance spectra [J]. Remote Sensing of Environment, 231: 111240.

Liu T J, Xu T, Yao J, et al., 2016. Quantitative relationship between leaf area index and canopy reflectance spectra of rice under different nitrogen levels [J]. Agricultural Science & Technology, 17: 2446 - 2448.

Li X Y, Qian Q, Fu Z M, et al., 2003. Control of tillering in rice [J]. Nature, 422 (6932): 618 - 621.

Liu X, Li S X, Kan M N, et al., 2015. AgeNet: deeply learned regressor and classifier for robust apparent age estimation [C]//IEEE International Conference on Computer Vision Workshop: 258 - 266.

Lemaire G, Jeuffroy M H, Gastal F, 2008. Diagnosis tool for plant and crop N status in vegetative stage: theory and practices for crop N management [J]. European Journal of Agronomy, 28: 614 - 624.

Lukina E V, Freeman K W, Wynn K J, et al., 2001. Nitrogen fertilization optimization algorithm based on in - season estimates of yield and plant nitrogen uptake [J]. Journal of Plant Nutrition, 24: 885 - 898.

Mosleh, M K, Hassan, Q K, Chowdhury E H, 2015. Application

of remote sensors in mapping rice area and forecasting its production: A review [J]. Sensors, 15: 769 - 791.

Mahlein A K, Rumpf T, Welke P, et al., 2013. Development of spectral indices for detecting and identifying plant diseases [J]. Remote Sensing of Environment, 128 (1): 21 - 30.

Ni J, Zhang J C, Wu R S, et al., 2018. Development of an apparatus for crop - growth monitoring and diagnosis [J]. Sensors, 18: 3129.

Noureldin N A, Aboelghar M A, Saudy H S, et al., 2013. Rice yield forecasting models using satellite imagery in Egypt [J]. The Egyptian Journal of Remote Sensing and Space Science, 16: 125 - 131.

Reza M N, Na I S, Sun W B, et al., 2019. Rice yield estimation based on K - means clustering with graph - cut segmentation using low - altitude UAV images [J]. Biosystems Engineering, 177: 109 - 121.

Rischbeck P, Elsayed S, Mistele B, et al., 2016. Data fusion of spectral, thermal and canopy height parameters for improved yield prediction of drought stressed spring barley [J]. European Journal of Agronomy, 78: 44 - 59.

Saberioon M M, Amin M S M, Anuar A R, et al., 2014. Assessment of rice leaf chlorophyll content using visible bands at different growth stages at both the leaf and canopy scale [J]. International Journal of Applied Earth Observation and Geoinformation, 32: 35 - 45.

Schirrmann M, Giebel A, Gleiniger F, et al., 2016. Monitoring agronomic parameters of winter wheat crops with low - cost uavimagery [J]. Remote Sensing, 8: 706.

Senthilnath J, Dokania A, Kandukuri M, et al., 2016. Detection of tomatoes using spectral - spatial methods in remotely sensed RGB images captured by UAV [J]. Biosystems Engineering, 146: 16 - 32.

Shanahan J, Schepers J S, Francis D D, et al., 2001. Use of remote - sensing imagery to estimate corn grain yield [J]. Agronomy Journal, 93: 583 - 589.

Son N T, Chen C F, Chen C R, et al., 2014. A comparative analysis of multitemporal MODIS EVI and NDVI data for large - scale rice yield estimation [J]. Agricultural and Forest Meteorology, 197: 52 - 64.

Stewart D W, Costa C, Dwyer L M, et al., 2003. Canopy structure, light interception, and photosynthesis in maize [J]. Agronomy Journal, 95: 1465 - 1474.

Swain K C, Thomson S J, Jayasuriya H P W, 2010. Adoption of an unmanned helicopter for low - altitude remote sensing to estimate yield and total biomass of a rice crop [J]. American Society of Agricultural and Biological Engineers, 53: 21 - 27.

Tian M L, Ban S T, Yuan T, et al., 2021. Assessing rice lodging using UAV visible and multispectral image [J]. International Journal of Remote Sensing, DOI: 10.1080/01431161.2021.1942575.

Tian Y C, Gu K J, Chu X, er al., 2014. Comparison of different hyperspectral vegetation indices for canopy leaf nitrogen concentration estimation in rice [J]. Plant and Soil, 376: 193 - 209.

Wang H, Zhu Y, Li W L, et al., 2014a. Integrating remotely sensed leaf area index and leaf nitrogen accumulation with RiceGrow model based on particle swarm optimization algorithm for rice grain yield assessment [J]. Journal of Applied Remote Sensing, 8 (1): 083674.

Wang L G, Tian Y C, Yao X, et al., 2014b. Predicting grain yield and protein content in wheat by fusing multi - sensor and multi - temporal remote - sensing images [J]. Field Crops Research, 164: 178 - 188.

Xu X J, Ji X S, Jiang J L, et al., 2018. Evaluation of one - class support vector classification for mapping the paddy rice planting area in Jiangsu Province of China from Landsat 8 OLI imagery [J]. Remote Sensing, 10 (4): 546.

Yang Q, Shi L S, Han J Y, et al., 2019. Deep convolutional neural networks for rice grain yield estimation at the ripening stage using UAV - based remotely sensed images [J]. Field Crops Research, 235: 142 - 153.

You J X, Li X C, Low M, et al., 2017. Deep Gaussian process for crop yield prediction based on remote sensing data [C] // Proceedings of the Thirty - First AAAI Conference on Artifcial Intelligence (AAAI - 17): 4559 - 4566.

Zhou C Q, Liang D, Yang X D, et al., 2018a. Recognition of wheat spike from fieldbased phenotype platform using multi - sensor fusion and improved maximum entropy segmentation algorithms [J]. Remote Sensing, 10 (2): 246.

Zhou Z J, Plauborg F, Liu F L, et al., 2018b. Yield and crop growth of table potato affected by different split - N fertigation regimes in sandy soil [J]. European Journal of Agronomy, 92: 41 - 50.

Yao X, Zhu Y, Tian Y C, et al., 2010. Exploring hyperspectral bands and estimation indices for leaf nitrogen accumulation in wheat [J]. International Journal of Applied Earth Observations & Geoinformation, 12 (2): 89 - 100.

Yuan L, Zhang J C, Shi Y Y, et al., 2014. Damage mapping of powdery mildew in winter wheat with high - resolution satellite image [J]. Remote Sensing, 6 (5): 3611 - 3623.

Zhao D H, Yang T W, An S Q, 2012. Effects of crop residue cover resulting from tillage practices on LAI estimation of wheat canopies using remote sensing [J]. International Journal of Applied Earth Observation and Geoinformation, 14: 169 - 177.

Zheng H B, Cheng T, Yao X, et al., 2016. Detection of rice phenology through time series analysis of ground - based spectral index data [J]. Field Crops Research, 198: 131 - 139.

Zheng H B, Cheng T, Li D, et al., 2018. Evaluation of RGB, color - infrared and multispectral images acquired from unmanned aerial systems for the estimation of nitrogen accumulation in rice [J]. Remote Sensing, 10: 824.

Zheng H B, Cheng T, Zhou M, et al., 2019. Improved estimation of rice aboveground biomass combining textural and spectral analysis of UAV imagery [J]. Precision Agriculture, 20: 611 - 629.

Zhou X, Zheng H B, Xu X Q, et al., 2017. Predicting grain yield in rice using multi - temporal vegetation indices from UAV - based multispectral and digital imagery [J]. ISPRS Journal of Photogrammetry and Remote Sensing, 130: 246 - 255.

Zhu W X, Sun Z G, Peng J B, et al., 2019. Estimating maize above - ground biomass using 3D point clouds of multi - source unmanned aerial vehicle data at multi - spatial scales [J]. Remote Sensing, 11: 2678.